驾驭恐惧

Master Your Fears

Linda Sapadin

[美] 琳达·萨帕丁 著

谢庆红 译

CS 湖南人民出版社 · 长沙

Master Your Fears: How to Triumph Over Your Worries and Get on with Your Life
Originally published by Turner Publishing Company, LLC
Copyright © 2004 by Linda Sapadin, Ph.D.
All rights reserved.
The simplified Chinese translation rights arranged through Rightol Media （本书
中文简体版权经由锐拓传媒取得 Email：copyright@rightol.com）

图书在版编目（CIP）数据

驾驭恐惧 /（美）琳达·萨帕丁著；谢庆红译. — 长沙：湖南人民出版社，2025.3
ISBN 978-7-5561-3542-4

Ⅰ.①驾… Ⅱ.①琳… ②谢… Ⅲ.①性格测验—通俗读物 Ⅳ.①B848.6-49

中国国家版本馆CIP数据核字（2024）第093887号

驾驭恐惧
JIAYU KONGJU

著　　者：[美] 琳达·萨帕丁
译　　者：谢庆红
出版统筹：陈　实
监　　制：傅钦伟
责任编辑：张倩倩
责任校对：张命乔
装帧设计：凌　瑛

出版发行：湖南人民出版社有限责任公司 [http://www.hnppp.com]
地　　址：长沙市营盘东路3号　邮　编：410005　电　话：0731-82683357

印　　刷：长沙艺铖印刷包装有限公司
版　　次：2025年3月第1版　　　　印　　次：2025年3月第1次印刷
开　　本：880 mm×1230 mm　1/32　印　　张：9
字　　数：195千字
书　　号：ISBN 978-7-5561-3542-4
定　　价：58.00元

营销电话：0731-82221529（如发现印装质量问题请与出版社调换）

目　录

前　言

有些孩子或许是带着勇气、自信和胆量来到这个世界的，但我不是。我天生胆小，天生敏感害羞，很多事情让我感到害怕。我会担心一些严肃的事情，比如死亡是什么样的，战争是多么可怕。我会担心别人怎么看我，我还记得二年级时的某天我哭着回家，就因为老师奥尔小姐指责我撒谎。那就是我！一个想讨人喜欢、想做好事、希望被别人认可的女孩，一个感到害怕就跑进自己房间藏进被子里面的女孩。

奥尔小姐根本没有意识到，即便我想撒谎也做不到，因为我实在太胆小了。然而，现在的我是一个自信、能干、勇敢的成年人。我有过很不一般的经历。有些经历的确很不寻常，像追踪乌干达的大猩猩或者在电视台出境。当然也有些经历仅仅对于我个人来说是勇敢的，比如大胆地说出我的想法、不去担心别人怎么想、质疑权威人物的观点或者在对我而言有些难度的斜坡上滑雪。

大多数时候，恐惧并没有限制我的行动——否则，我可能连我做过的一半的事情都做不到——也没有让我过于劳心费神，你可能会觉得我不够诚实。那些恐惧当然不是只存在于过去。我有时也在寻找能够带领我探索未知的事情，这些事情会重新激活我曾经的恐惧。在那些时刻，我会感到既兴奋又害怕。

写这本书正是令人激动又让人忧虑的事情之一。在这一刻，我感到害怕和沮丧。我不知道为什么要用这么大的工程来折磨自己。我问自己："如果我陷入困境怎么办？如果我做不到怎么办？如果我做得还不够怎么办？"但在这场充满怀疑的自我争吵之后，不过几个小时，我就又安顿下来工作。很神奇，我又开始文思泉涌。有时很容易，有时很难，但不知为何，我总是能重新找回信心，重新开始努力。

我们中的大多数人相信，只要我们足够坚强，克服自我怀疑，掌控不确定性，战胜恐惧，我们就会安然无恙。然而，在我们心中，我们也知道行为和情绪不仅取决于我们的意志，而且取决于我们所处的环境。我知道，虽然我的生活不再被恐惧所支配，但恐惧有时还是会降临到我身上。有时它是一位救命使者；有时它是一位受欢迎的朋友；有时，它就是一个令人讨厌的家伙。但恐惧绝不是阻碍我生活的恶魔。

我已经学到了很多关于恐惧的知识，所以我想和大家分享我的知识。我知道恐惧能阻止你成为什么样的人。我知道恐惧可以在黑暗和孤独中成长，即使你有一个完美的外表。我知道恐惧能吞噬你所珍视的东西并摧毁它。我也知道恐惧的另一面是兴奋，甚至是激动。我知道在面对恐惧、驾驭恐惧而不是被恐惧所支配时，我们还可以体验到快乐。

不久前，我和两个朋友共进午餐，我们谈论到他们对飞行的恐惧。不一会儿，话题转到了暑假。琼妮聊了她和丈夫计划的大峡谷之旅。

"听起来不错，"基姆说，"但我知道你有多害怕坐飞机。你打算怎么去那里呢？"

"我不确定。"琼妮回答，"这次飞行很可能非常可怕，但我绝不能再让它阻止我完成旅行。"

"我希望我有你这样的态度。"

"也许有一天你会的，不要放弃自己。"

"我希望你是对的。"基姆叹了口气说。

当我离开餐厅时，我心里想，人与人之间的重大区别并不在于他们是否感到恐惧，而在于他们是否能在心怀恐惧的同时还能享受生活。

虽然我们生活在一个更健康、更安全、更富裕、更长寿的时代，但我们并没有感到更安全。事实上，我们知道的越多、活得越久、越富有，我们就越害怕。还记得那些没有安全带、没有安全气囊和没有自行车头盔的日子吗？还记得那些我们认为因疾病而起的肿块和因碰撞而起的肿块都可能是癌症的日子吗？还记得那些没钱投资股市的日子吗？在那些日子里，我们其实更脆弱，但我们并没有意识到自己的脆弱。我们之所以能享受生活，更多的是因为我们知道的更少。现在，我并不是说无知是福，而且我也不觉得我们需要回到过去，需要减少见识。但我认为我们需要心怀勇气，学习用一种新的方式过一种有意识的生活。

在这本书里，我有很多东西可以提供给你。我了解恐惧是如何发展的、如何表现的，最重要的是，我知道如何改变恐惧的模式。

这本书有三部分。第一部分"理解你的恐惧"，描述了恐惧的生活方式如何限制我们的活动、禁锢我们的思维、减少我们的选择、影响我们生活的丰富性。我会向你介绍五种不同类型的恐惧，以及每种恐惧类型如何影响你的思维、声音、身体和动作。书中提供的自我评估测验可以帮助你确定自己的主要恐惧类型。

第二部分"驾驭恐惧的方法"，通过提供一套基于技能的方案，来帮助你学习新的思维方式、说话方式、身体使用方式和行动方式，最终让你实现奇妙的转变。在这一部分，我将带领你实践你需要掌握的技巧。下面是你将学习到的各种技能的简要概述：

改变思维方式。这些技能将帮助你培养一种重新定义可怕境况的能力。你还将学习如何从过度分析转向问题解决。

改变说话方式。就像忧心忡忡的思维方式一样，充满忧虑的说话方式也会给人造成很大的负担。习惯性地与别人（和你自己）用阴郁的、沉重的言辞交谈，会给个体带来精神和生理上的痛苦，这可能就像你实际遭遇痛苦的经历一样沉重。通过改变你说话的方式，你可以改变生活的方式。

让你的身体远离恐惧。身体会以各种形式感受到恐惧，从紧张到头痛、肩痛和疲劳。对事件的无意识记忆以及不祥的警示都被储存在体内，即使头脑不记得，身体也会这样做。通过运动练习、深呼吸技术和音乐，你可以减轻躯体上感知到的恐惧，并对生命历程保持更加开放的态度。

用行动走出恐惧。很多人相信勇气意味着没有恐惧。其实勇敢的人也会感到恐惧，但他们已经养成了行动的习惯。我会教你如何做必须做的事情，即使这些事情是艰难的或可怕的。通过学会承担可能失败的风险，通过经历失败，你可以走出习惯性的恐惧。

第三部分"恐惧之后的生活"，是一个充满激励的章节。在这里有战胜恐惧的人的真实生活。他们讲述了自己的真实经历，分享了他们如何学会无畏地生活，以及当他们这样做的时候，生活变得多么甜蜜。这一部分也会告诉你在什么情况下应该考虑寻求专业帮助，以及关于精神药物治疗和其他治疗形式（如心理治疗、生物反馈和瑜伽）的信息。

生活在恐惧中是令人畏惧的、疲惫的、沮丧的，也是具有破坏性的。我知道这一点，因为我自己在恐惧中挣扎过。但我相信你也能跟我一样驾驭你的恐惧。让我们开始这趟旅行吧！

第一部分

理解你的恐惧

第1章

恐惧是一种生活方式

我们唯一需要恐惧的是恐惧本身。

——富兰克林·D. 罗斯福

如果有人给你一粒消除恐惧的神奇药片，那么你的生活将会发生哪些改变？如果你不再为自己的小心翼翼、谨小慎微而烦恼忧虑，那么你想做什么？你想见谁？你想去哪里？你想对别人说点什么？你会如何改变？你会变成什么样的人？

这些问题的答案揭示了恐惧的生活方式带给你的内耗。它们同时也表明，如果你不再忧虑和恐慌，如果你可以更加放松和自信，那么生活将会有怎样的不同。

你为恐惧付出的代价

我确信，你也知道恐惧对你（以及你爱的人）而言是个麻烦的问题，否则你也不会读这本书了。但是，你或许并没有意识到，恐惧通过很多潜在的方式限制了你，使你不能很好地享受生活、不能富有创新性地工作、不能自如地去爱。

恐惧的生活方式存在很多问题，以下是我作为临床心理学家在工作中经常碰到的一些情况。

恐惧的生活方式会妨碍你的思考。它会使你的思维固守在预想好的几个有限的选项里，而不再考虑更多可能性。

· 你会陷入一种反射性的否定模式中。

· 你会花大量精力挑剔生活中的每件事，而不会考虑它相较而言的优点，也不会根据情境确定最佳行动办法。

· 当你尝试做新的事情时，你可能会因为过度担忧而筋疲力尽，担忧这种新尝试可能会带来挫折、陷阱、麻烦、问题或者是灾难。

· 当别人提建议或者主动帮忙的时候，你的恐惧可能会跳出来驱使你如此回应："什么？你疯了吗？""你怎么能这样想呢？"

恐惧的生活方式会偷走你的选择。恐惧会减少我们生命历程中多种多样的选择——你遇到的人、你追求的事业、你可以经历的旅行、你可以享受的乐趣。恐惧只留给你少得可怜的选择。

· 你会感到被世界包围，不能自由探索。

· 你会把生活当作一种负担，而不是一场奇妙旅行。

· 你会告诉自己"外面有很多可怕的麻烦"，而不是"外面有很多令人惊喜的事情等我去做"。

· 你认为，自己只能生活在这个特别密实的舒适区里，然后你还会抱怨："我不知道做什么——我的选项太少了。"

恐惧的生活方式会限制你的行动。即使你愿意做出一些富有创造力的行动，你的恐惧也会大大缩小这些创造性行动的范围。

·你会避免专业上、社交上、经济上的发展良机，尽管这些机遇会给你带来很大的收益。

·你会习惯性地拒绝一些邀请，拒绝别人对你的鼓励，不能用开放的心态看待各种可能性。

·你会任由恐惧掌舵，拒绝可能的活动，因为"那些活动让我不舒服"或者"我做不来"。

恐惧的生活方式会榨取你生活中所有的兴奋、愉悦和美好。当你把精力花在恐惧上时，你就很难享受生活。

·你会感到筋疲力尽，情感耗竭。

·你会发现很难或者完全不可能进行有创造性的工作。

·你会发现友情和爱情变成了你疲乏的源头，而不再是快乐、生命意义的源泉。

·你会用忧郁、沮丧（"压力太大了！""我不习惯这样！""我不能处理这么多不确定性！"）而不是愉悦、庆祝（"天哪！这太有趣了！""我很高兴能尝试做这件事情！""多么难得的体验！"）回应生活中的新体验。

当恐惧限制、妨碍、榨取、偷走了你生活中的自由和快乐时，剩下的就只有无聊枯燥的重复生活，以及每个人都无法逃脱的艰难、危机和灾难。其实生活可以不必如此。很多年后，43 岁的伊拉娜才明白，风险是不可避免的，是生活必不可少的组成部分。也就是在那时，她意识到她花了太多时间关注苦难和不幸，却忽略了生活中精彩、快乐的部分，生活变成了"一件又一件麻烦"。伊拉娜丢掉了生活的光亮和快乐，在"不得不承受苦难"的重压下步履艰难。

安全第一——杰克的故事

很多年后，杰克才明白"安全第一"并不是生存的最佳方式。杰克现在 50 岁出头，他在 20 岁左右时曾经历过很长一段时期的恐惧。作为一流的吉他演奏者，杰克富有天赋，也受过较好的专业训练，尽管如此，他仍然不能安心地追求自己的音乐事业，他犹豫迟疑，寻找着其他适合自己的机会。因为害怕失败和被拒绝，在个人生活和专业发展领域，杰克都无法全然地接受生活的赐予。

在杰克刚刚 22 岁时，他找到一份在医院病房做护士助理的工作。杰克解释说，就像其他很多音乐家、作家、演员经常在餐馆或零售店工作来养活自己那样，这份工作可以为他的"音乐爱好"提供经济支持。朋友和亲戚经常问他，为什么要从事一份与他的艺术志向相去甚远的工作。他回答说，他很享受为病人工作，并且这份工作还能带来经济收入。但是，杰克知道，即使他不喜欢做一名护士助理，这份工作也可以让他不必面对音乐事业上的艰难决定。因为害怕自己无法成为出色的吉他演奏家，杰克搁置了自己的音乐梦想，机会也遗憾溜走。

杰克的胆怯还阻碍了他建立和发展亲密关系。尽管约会是有趣的，但杰克极少与年轻漂亮的女孩约会。在亲密关系中，杰克更多受到内心恐惧而非恋爱激情的支配，他行为退缩，回避一切可能的风险。即使女方对他表现出兴趣，他也不相信女孩会真的喜欢他。几年后杰克谈恋爱了，他选择的伴侣是一位情感淡漠、极端挑剔的女性，这让杰克更坚信他对自己的贬低，同时也证实了他的疑心，即亲密关系中充斥着太多风险。有着神经质需求的人总是能神奇地相互吸引。

多年后，杰克意识到自己正被内心的恐惧——对改变的恐惧和对自我潜能的恐惧——拖累着。如果他早些时候能意识到这点就好了。但是，正如丹麦哲学家索伦·克尔凯郭尔所言："回首往事，可以更好地理解生活；要生活，就必须向前看。"

怎么处理恐惧

恐惧的生活方式会限制一个原本聪明、精力充沛、能干的人，杰克的故事仅是其中一个例子。如果恐惧失控，那么你可能会感觉生活特别可怕，让你无所适从，把生活视作一个又一个压力事件、紧急事件。即使你的状况没有那么糟糕，恐慌和紧张也会影响到你的生活质量和生命价值。生活在恐惧中并不一定意味着你一定要非常害怕或者生活无法运转，恐惧态度和恐惧行为的典型表现通常非常微妙。恐惧有很多复杂的层次，人们表达恐惧也有很多不同的方式。以下是最常见的：

·孤立自己

·对他人过度依从

- 过度警戒

- 感觉麻木

- 避免亲密

- 避免拒绝，避免不同意

- 过度控制

- 对面对的情形拒绝做出回应

- 发展出"反向形成"（reaction formation）的模式——表现得与你的实际感受相反，比如你很恐惧，但是你却表现得无所谓、蔑视和漠然。

恐惧也会反映出个体对安全感的强烈需求，它可能是怀疑、犹豫、不确定、担心和僵化的化身。或许你在躯体上几乎感受不到恐惧（"我无所不能"），但它会在情感上牢牢抓住你（"我害怕自己一个人，我担心别人会怎么看我"）。

恐惧的生活方式会带来上述这些后果，它们通常以多种多样的组合形式表现出来，对人产生的累积效应也会从轻微不适向麻痹瘫痪或惶恐不安发展。

恐惧是一种生活方式，
不是一种诊断意义上的疾病

首先，我需要区分两种过度、不当的恐惧，其一是基于医学诊断的恐惧；其二是作为一种生活体验方式的恐惧。许多人往往把恐惧视作一种心理疾病，比如恐惧症、惊恐反应、焦虑反应以及创伤后应激障碍。尽管这些都是得到正式认可的机能失调性疾病，但在本书中我会采用非医学的视角来看待恐惧——它不是一种诊断结论，也不是一种疾病，而是一种可以习得的体验生活的方式。

本书关注人本身，而不是关注一堆症状。它讲述的是我们如何实现生活的丰盈，而不是强调生活的缺陷。这之间的差别就好像通过节制饮食还是通过健康饮食来解决体重问题一样。节食是一种短期策略，基本不可能获得长期成功。相反，健康饮食是一种长期、高质量、促进问题解决的策略。贯穿本书的不是心理疾病模式（你出现了什么问题），而是心理健康模式（怎样提升你的生活质量）。

但是如果恐惧的生活方式并不一定是一种心理疾病，那么它是如何对你的生活产生如此严重的破坏的？恐惧的生活方式是如何形成的？我们将在第3章详细讨论这些问题，现在仅做简单说明。

恐惧的生活方式会通过多种途径形成，但有一点是确定的。如果你频繁地体验到恐惧，并且感受十分强烈，或者是持续的时间很长——尤其是在你年幼时——那么你可能形成了一种心智模式，这种模式将会影响到你未来的生活方式。你不再只是对特定的情境做出恐惧反应，恐惧会成为你的一种生活方式。这之间的差异可以用生气和伤心的例子来理解。别人惹怒了你，你会感到生气，这是特定情境下的恰当反应；你变成了一个爱生气的人，生气就是你的一种生活方式。你在某次受到损失之后感到忧伤，这是特定情境下的恰当反应；你变成了忧伤的人，忧伤就是你的一种生活方式。

当恐惧主导了你的生活，你往往就会去适应恐惧而不是战胜恐惧。你总是提防危险的发生——在工作中、家里、亲密关系里以及更广泛的其他地方。"小心警惕"就变成了你的思维方式，你会对危险保持高度警醒状态。即便是在不危险的情境中，你也会很快做出恐惧性反应。你学会了回避有风险的事情，这些事情从长远来看其实是对你有利的，是必要的人生经验。你对安全感有着强烈的渴求，最终恐惧变成了你的心智模式。

尽管你幻想着生活充满安全感和确定感，但在真实生活中，安全感和确定感仅仅是相对的。生活本就是一件冒险的事情。

- 要生存，就会有死亡的风险
- 要去爱，就会有失去的风险
- 要感受，就会有被伤害的风险
- 要学习，就会有感到无知的风险
- 要尝试，就会有失败的风险
- 要畅所欲言，就会有被嘲讽的风险
- 要获得成功，就会有挑战极限的风险

你能采取措施来降低这些风险吗？你能消除所有的风险吗？答案是否定的！

那么你怎么与这些风险相处呢？你能否找到驾驭恐惧、怀疑、不确定的方法？这就是本书要回答的问题。

恐惧有时是一种适应性的回应

适应性的恐惧能帮你保持警醒和适度谨慎，而适应不良的恐惧对你没有任何好处，并且会让你的生活、工作和亲密关系的建立变得困难（对一些人来说）。所以，下面的问题可以帮助你确定你的恐惧是"适应性的"，还是"适应不良的"。

以下是关于恐惧的一般描述，根据你的情况，请依次回答"是"或"否"

1. 我的恐惧通常能帮助我应对特定的挑战、威胁和不确定。

2. 我的恐惧发生在非常广泛的——有时是无穷无尽的——情境中，这些情境可能具有威胁性、危险性，也可能并不危险、没有威胁性。

3. 我的恐惧与我正面临的挑战、威胁和不确定是成正比的。

4. 我的恐惧与我正面临的挑战、威胁和不确定不成正比。

5. 我的恐惧相对来讲是有时限的，遇到危险时恐惧会增多增强，之后便会减弱消退。

6. 恐惧在时间上、精力上无限期地吞没了我，有时它甚至是一种持续的、普遍的心理状态。

7. 当恐惧源减轻或者被消除，我的恐惧就会结束，取而代之的是一种放松感。

8. 即使恐惧源已经消失、结束了，我的恐惧仍然还在。

9.情境的危险程度不同，我的恐惧程度也会有所不同。

10.我的恐惧程度并不一定会随着危险的加强或减轻而发生相应变化。

请数一数，奇数题号的题目（1、3、5、7、9题）中你有几题回答"是"，偶数题号的题目（2、4、6、8、10题）中你有几题回答"是"，分别记录这两个得分。奇数项题目描述的是适应性的恐惧反应，偶数项题目描述的是适应不良的恐惧反应。

如果前者得分高于后者，说明你的恐惧更偏向于适应性的。适应性恐惧是一种在危险环境中对无数人的生命起到挽救作用的情绪。它通常是必要的和恰当的，它提示我们真实的危险的存在。如果你在奇数项题目中得分更高，那么恭喜你，你的恐惧正在帮助你！

如果后者得分高于前者，这说明你的恐惧更偏向于适应不良，那么你就需要做点什么了。在必要的时候，你可以感到恐惧不安，但如果恐惧无用或者不具备保护意义，那么它就不应该控制你。

适应性恐惧是一种很微妙的情绪，这种情绪会在情境变得相对安全时减弱、消失，但适应不良的恐惧则在每时每刻都虎视眈眈，一旦出现不适、未知和变化，它就会快速、强烈地显现出来。

我们已经了解了恐惧如何破坏人们的生活，接下来我们来看看表达恐惧的不同方式。

第2章

恐惧的五种类型

人们会通过不同的方式表达恐惧。我们所恐惧的事物千差万别，表达恐惧的方式也有很大差异。例如，许多人都意识到男性和女性会用不同的方式表达恐惧。从儿童早期开始，女孩就在真实生活、书本、电视节目、电影中接触到了很多关于如何表达恐惧的行为榜样。很多女孩以及一些男孩被训练得小心翼翼、担惊受怕，甚至是畏首畏尾。在家庭教养中，在社会生活中，一些孩子获得了助长恐惧、鼓励恐惧的信号。社会鼓励女性承认她们的恐惧情绪，鼓励她们直接地表达恐惧。有时，这不仅仅是鼓励，甚至是要求。一位朋友告诉我："在青少年时期，每当我要外出时，妈妈总会在我临走前说，'小心点'。不论我是去上学、约会，还是去见朋友，妈妈总会这样。但当弟弟外出时，妈妈则不会说'小心'，她会说'别惹麻烦'。如果弟弟惹了麻烦，父母也不会特别生气，他们会随意地回复'男孩子嘛'。但是如果我惹了麻烦，他们就会说，'我们告诉过你一定要小心的'，他们的语气中带着惊慌甚至歇斯底里，'你差点儿就被拐跑、强奸、杀死'。"

男性也会感到恐惧，但社会教会了他们贬低恐惧、否认恐惧，或者通过谎言掩饰恐惧。男性常常用间接的方式表现出恐惧——通过生气、醉酒、不合群或回避那些不知如何处理的情境。即使是咨询别人信息这种日常情况，也可能会引发男性的恐惧和对恐惧的极力否认。有个流传甚广的笑话："为什么摩西在沙漠里游荡了40年？"回答："因为他不会问路。"很多男性挣扎在强烈的恐惧中，他们不讨论、不表达，甚至不会承认他们所担心的事情。尽管男性的恐惧更多的是隐藏式的——或许正因为如此——他们的恐惧往往会变得更加强烈、更加沉重，甚至让人难以承受。

男性更不愿意承认并表现出自己的恐惧，怎样解释这种现象呢？五六岁的时候，大多数男性就已经内化了这种观念，即恐惧是不够爷们儿的表现，恐惧应该被隐藏或否认。上学后，校园环境的主流文化促使男孩嘲笑、骚扰，甚至体罚其他公开表达恐惧的男孩。谁不抑制住自己的恐惧就可能被冠以"懦弱""同性恋"或"猫咪"的称号。

这就导致了男性和女性在承认恐惧和表现恐惧方面接收到非常不同的信息。然而，本书的基本问题不是讨论男性和女性对恐惧通常会有什么样的感受，而是讨论作为独特个体的你有什么样的感受。你是否感到恐惧破坏了你享受生活、实现目标的能力？你的恐惧是什么类型呢？

你属于哪种恐惧类型

虽然恐惧一开始只是以一种情绪表现出来，但随着时间的推移，恐惧会逐渐影响到你的自我概念与人格类型。为了帮助你更好地理解自己是如何表达恐惧的，我设计了一套小测验，你可以进行测试并计分。结果会让你更清楚地了解你的恐惧类型。在测验之后，我将解释五种基本的恐惧类型以及它们会如何影响你。

如何使用这套测验：

1.本测验采用五级评分，从1（代表"一点都不符合"）到5（代表"完全符合"），你要根据自己的情况判断每题得分：从不 =1 分；较少 =2 分；有时 =3 分；经常 =4 分；总是 =5 分。

2.完成测验之后，把总分算出来。

3.按照如下的规则对你的恐惧类型进行排序：得分最高的就是你的主要恐惧类型，其次就是你的第二恐惧类型，以此类推。

4.将这五种恐惧类型的得分排序，你就可以大概了解自己的恐惧状况。

后面的章节会有更详细的讨论，从中你将会更好地了解到自己的恐惧类型。

测验 1

1. 你会对离开舒适区感到犹豫，并尽力回避那些使你产生压力或焦虑的情况吗？

2. 你在与他人交流或者表达自己的观点等方面存在困难吗？

3. 你在社交聚会中需要花很长时间和别人暖场吗？

4. 在公共场合你是否会有一些身体上的反应，比如心跳加速和恶心想吐？

5. 你会宁愿保持沉默也不愿同其他人交流吗？

6. 你害怕在公共场合失言吗？

7. 你是否回避社交活动，花费很多时间在一些被动活动上，比如看电视或者玩电脑？

8. 当你同他人交谈时，你是否会因为担心对方如何看待你而走神？

9. 你是否讨厌成为他人关注的焦点？

10. 当别人称赞你的时候你是否会感觉到不适？

11. 你倾向于生活在你的头脑里而不是在你的身体里吗？

12. 你是否经常认为自己"还不够"（不够好，不够聪明，不够积极，等等）？

总得分：_____

测验 2

1. 你是否经常因生活中发生的事情而感到紧张或不安？

2. 周围的人有时会用诸如"太紧张"之类的词描述你吗？

3. 你是否感觉你很难放松下来，即使没有需要你特别关注的事情？

4. 你是否感到难以入睡，不能熟睡，很难拥有一整晚的好睡眠？

5. 你会因为可能发生的问题而惊慌吗？

6. 比起你认识的其他人，你往往会把事情看得更重要些？

7. 别人是否对你说过"冷静一下"或"不要担心"？

8. 当预料之外的事情发生的时候，你是否会立即感到紧张？

9. 你会经常使用"天哪！"这句口头禅吗？

10. 当听到新闻、天气预报、商务报告时，你经常会感到不开心吗？

11. 你是否有与紧张相关的身体问题，比如胃痛、头痛或肩膀痛？

12. 你认为自己需要对太多事情负责吗？

总得分：_____

测验 3

1. 对你来说，别人喜欢你、赞同你是否很重要？

2. 如果别人向你求助，你是否觉得很难拒绝？

3. 你是否往往会把他人需求放在第一位？

4. 你是否会更多考虑"你应该做什么"而不是"你想做什么"？

5. 如果有人对你感到不满，你会生气吗？

6. 在做想做的事情之前，你是否会先去征求他人的认可、建议或寻求他人的安慰？

7. 独立地做决定对你来说困难吗？

8. 当他人不同意你的观点时，你很容易被别人的意见所影响和改变吗？

9. 你很容易被他人愤怒的声音或反对的态度吓到吗？

10. 你是否会因为担心他人不同意或者不喜欢你的言论而害怕说出自己的想法？

11. 你是否会努力抑制愤怒的情绪以免犯错误，并试图让一切保持平静？

12. 你是否会经常附和别人的想法，之后又因为自己的意见不重要而感到受伤或后悔？

总得分：_____

测验 4

1. 他人是否会对你隐藏起来的恐惧表现出惊讶？

2. 为了摆脱自己的坏心情，你是否会变得易怒或易与人争吵？

3. 别人是否指责你不灵活，或者指责你总是恪守自己的行事方式？

4. 你是否会因担心自己被认为是无能的，所以很难开口向别人问路？

5. 你有时会吹嘘自己什么都不怕吗？

6. 你是否发现自己其实比预想的更固执、更僵化？

7. 你是否希望自己能少一些严肃、多一些快乐？

8. 你是否认为，在有些时候，你的愤怒之下其实隐藏着巨大的恐惧？

9. 你会经常讽刺、嘲笑别人，而不跟他们直接讨论自己的烦恼、困惑吗？

10. 最好的防御就是好好地进攻，你会用这种方式来保护自己吗？

11. 你是否觉得恐惧是软弱、缺乏个性的表现？

12. 你是否认为自己外表坚强、内心柔弱？

总得分：_____

测验 5

1. 你做事情是因为"不得不做"和"应该做"吗？

2. 你是否会非常重视他人可能并不太在意的一些细节或规则？

3. 你认为自己是完美主义者吗？

4. 你会常常安排别人的生活，并确保每个人都必须按照他们理应遵循的方式做事吗？

5. 别人指责过你控制欲过强吗？

6. 如果事情运行不正常，你会不会很沮丧？

7. 你讨厌不可预知的事情发生吗？

8. 你很难放下那些批判性的想法吗？

9. 你是否认为，要么不去做事情，要么就必须按照"正确"的方式做事情？

10. 当你犯错或没能达到预想目的时，你会苛责自己吗？

11. 你是否常常会因他人违背了你的期望，而对他人的行为感到生气？

12. 你是否很难做到自然随意，或者很难应对变化？

总得分：＿＿＿＿＿＿＿＿＿＿

请把你每份测验的得分填写到下面的空格处。

测验 1 胆怯型恐惧（Shy fear style）得分：＿＿＿＿＿＿＿

测验 2 警觉型恐惧（Hypervigilant fear style）得分：＿＿＿

测验 3 依从型恐惧（Compliant fear style）得分：＿＿＿＿

测验 4 大男子主义型恐惧（Macho fear style）得分：＿＿＿

测验 5 控制型恐惧（Controlling fear style）得分：＿＿＿

现在按顺序列出你的恐惧类型。得分最高的是你的主要恐惧类型，第二高的得分是你的第二恐惧类型，以此类推。

第一恐惧类型：＿＿＿＿＿＿＿＿＿＿＿＿＿＿＿＿＿＿＿＿＿

第二恐惧类型：＿＿＿＿＿＿＿＿＿＿＿＿＿＿＿＿＿＿＿＿＿

第三恐惧类型：＿＿＿＿＿＿＿＿＿＿＿＿＿＿＿＿＿＿＿＿＿

第四恐惧类型：＿＿＿＿＿＿＿＿＿＿＿＿＿＿＿＿＿＿＿＿＿

第五恐惧类型：＿＿＿＿＿＿＿＿＿＿＿＿＿＿＿＿＿＿＿＿＿

当回顾你的结果时，记住以下几点：

·本练习是关于你的恐惧类型的一般性概述，它不是正式的、实证性的测试。本练习的目标是帮你弄清楚恐惧是如何影响你的人格类型的。

·参加该测验的人，会在每个小测验中有一个得分。每个小测验的最低分数是 12 分，最高分数是 60 分。但是，12 分的结果是不太可能的，因为那意味着你可能是逆恐（counterphobic）的，或在任何情境中都不会产生恐惧。理想的情况是分数中等（20~40分），这就意味着你的恐惧程度相对较轻或比较适度。

· 测验结果呈现出的是你的恐惧表达模式——胆怯型、警觉型、依从型，等等。假设你的控制型恐惧得分为 41 分，胆怯型恐惧得分为 18 分，这种得分情况就说明，比起与他人相处，你更害怕失去掌控感。这个练习的主要意义不在于一个个独立的分数，根据各测验分数得到的排序情况才是最重要的。

不同的恐惧类型

你已经知道哪种恐惧类型在你的生活中占据主导地位，接下来就需要对所有恐惧类型进行更多的了解。需要注意的一点是，这些恐惧类型之间并不是相互排斥的，它们其实有一些共同的重要特征，个体有可能会在不止一个恐惧类型上得到高分。当然大部分人会有一种最主要的恐惧类型，这种恐惧类型会在躯体、情绪、思维方面给个体带来影响。还需要注意的一点是，我所描述的这五种恐惧类型并不是医学诊断结论，而是一种生活方式。为了学习如何克服恐惧，你最好能了解你的恐惧是怎样发生的，以及哪种情境最易引发你的恐惧。

以下是对五种恐惧类型的概述。

胆怯型恐惧

属于这种恐惧类型的人往往有被动、压抑、受约束的行为。他们经常重复的座右铭是："别人让我感到不安全或不舒适。"胆怯型恐惧的表现有：

·胆小怯懦

·寡言少语

·行为被动

·身体呆板

·在关系中很拘束

杰拉德——寡言少语的例子

杰拉德今年 44 岁，是一名电脑程序员，他一生都在与胆怯做斗争。杰拉德最恐惧的就是社交，不管是与单人互动还是与多人聚会。虽然他很清楚自己一直以来的挣扎斗争，但他仍然无法超越恐惧背后层层的自我怀疑。"我知道需要把恐惧放在一边，以便采取行动。"他说，"但对于需要交往的情境，我通常会拖延或回避，直到不再需要处理它。"与恐惧的抗争已经给他带来许多问题，包括婚姻的崩溃以及由此带来的痛苦。"离婚后，我每天下班回家就坐在家里，什么也不做。我独自一人，很孤独，但我却什么都不做。相反，我只是纠结、苦恼于事情到底怎么了，不停地责备自己，想象着每个人都在背后议论我。"

警觉型恐惧

这种恐惧类型的人呈现出紧张、焦虑、过度敏感以及烦躁不安的状态。他们的座右铭是："我对很多事情都感到紧张和担忧。"警觉型恐惧的表现有：

- 忧虑不安的思绪
- 歇斯底里的言辞
- 易激惹的行为
- 过度活跃的身体
- 在关系中很疯狂

莎伦——焦虑和紧张的例子

莎伦是一位 38 岁的母亲和兼职社会工作者，她对周围的每个人都非常细心。细心本是种不错的品质，但莎伦却有些细心过度了。"我想我承担的责任比我需要承担的更多。"莎伦承认，"但我害怕放弃我的顾虑。我担心如果这样做会发生什么事。"例如，她一直去学校接她 12 岁和 10 岁的孩子放学，而这个年纪的多数孩子已经被父母允许独自回家，或者与朋友一起回家了。莎伦的理由是："即使我们生活在一个安全的社区，再怎么小心也不为过。你永远不知道会发生什么。丈夫说我对孩子保护过度了，应该放松一点。他说起来很容易，但我真正做起来却很难。"另外，莎伦除了要完成真正属于自己责任范围内的事务，还要承担她自己认为应该承担的其他责任，所以她常常感到筋疲力尽。她意识到自己需要冷静下来，放慢脚步，让一些事情顺其自然地展开，但她发现放松是困难的，甚至是完全不可能的。"我只是不知道如何放松。"她承认，"我很难入睡——我总是考虑可能会出现的各种问题以及需要承担的各种责任。"

依从型恐惧

这种恐惧类型的人呈现出依赖他人、犹豫不决、没有主见和易被胁迫的状态。他们的座右铭是："如果有人不赞同我，那我就完了。"依从型恐惧的表现有：

- 拿不定主意
- 言辞犹豫
- 行为屈从
- 谨小慎微
- 在关系中很顺从

多丽丝——一个恭顺的女儿

多丽丝是一个54岁的家庭主妇，一直淹没在自我怀疑中。在她出生的家庭里，她是传统意义上的"好女孩"，总是乐于取悦他人，让父母引以为豪。她性格的某些方面正是对家庭状况的合理反应：多丽丝的父亲经常不在家，她的母亲则忙于应付顽皮的弟弟。

"我知道妈妈需要我照顾自己，"多丽丝解释道，"所以，即使当我感到害怕、愤怒或不知所措的时候，我也一直假装没事。"尽管她的反应可以理解，但仍然带来很多问题。多丽丝常常以取悦者的姿态生活，这也给她带来了问题。"我不是只关心别人怎么想，我还不确定我自己怎么想。我害怕有自己的观点，我害怕自己做决定，我努力工作只是为了获取他人的认可。"

大男子主义型恐惧

相比之下，这种恐惧类型的人外表看起来死板好斗，内心却是焦虑无比。就像《绿野仙踪》中胆小的狮子，这种类型的人面对恐吓时会咆哮吼叫，只有遇到正面对抗时，他才会表现出恐惧。这种类型特有的行事态度就是："我不会向任何人包括自己显示出自己很害怕。"这种恐惧体现在：

· 不灵活的头脑

· 刺耳的声音

· 对立的行为

· 僵硬的身体

· 在关系中很僵化

罗伯——大男子主义者

罗伯是一名 28 岁的警察，他是个典型的大男子主义者。他经常被形容为"什么都不怕的警察"，他为自己的声誉感到骄傲，认为声誉对个人及其职业都是极其重要的。"没人敢惹我，"罗伯骄傲地说，"如果他们这样做了，他们就会后悔的。"与此同时，罗伯私下里也承认他的男子气概与他内心的感觉不一致。"在现实中，很多时候我都感到害怕。我希望自己能像人们认为的那样无所畏惧。但是，大部分时候我都回避恐惧。从小时候起，我就学会了隐藏恐惧。我在一个治安不好的街区长大，所以我从小就学着'像真正的男人一样'。即使你的内心非常痛苦或者精神快要崩溃也没关系。成为懦夫是最糟糕的事。"

控制型恐惧

控制型恐惧类型的人会表现出强迫、被迫、挑剔、驾驭的倾向。他们的座右铭是："如果事情不能按它们应有的方式完成，那么我就会发疯的。"他们通过严格保持秩序来最大限度地减少意外，从而减少恐惧。其特点包括：

· 批判的思维

· 苛刻的言辞

· 强迫的行为

· 紧张的肢体

· 在关系中很专横

珍妮丝——因为我就是这么说的

珍妮丝是个 34 岁的公关经理，现在单身，是典型的控制型恐惧类型者。她以自己的业绩和加班加点为荣，往往工作到深夜。珍妮丝不只是强迫自己这样，也强迫她身边的每一个人和她一样。她的下属（甚至她的同事）视她为严厉的监工。她的控制欲不仅损害了她的工作关系，也毁了她的爱情生活。"当男朋友去年和我分手时，"珍妮丝解释说，"他说他受不了我的批评和控制。听到这些后我惊呆了。我觉得他对我不够好，但他竟然甩了我。我简直不敢相信这一切！"来自爱情的打击促使珍妮丝接受了团体治疗。令她感到沮丧的一点是，团体成员给她的反馈跟男朋友的反馈相同，他们都说她的控制欲太强。珍妮丝试图为自己辩解："人们不明白，其实我内心非常恐惧。事情必须完全按照我认为应该做的那样做，否则我就会感到无助和不知所措。控制让我有安全感。但我现在一个人住，我很痛苦。这听起来很糟糕，但现在没有人可控制了，我的生活似乎变得毫无价值。"

第3章

恐惧的生活方式是怎样形成的

西德是大屠杀幸存者中的一员，他成长于一个充满无尽悲伤的家庭。在孩童时期，他就一直在恐惧中挣扎。

阿朗过完13岁生日不久，父亲就去世了。阿朗对自己不自信，对世界缺乏安全感，总担心会发生什么意外。

乔安娜小时候是个紧张害羞的孩子。她现在已经成年了，但在生活的很多方面她还一直感到不堪重负、忧虑恐慌。

正如上述故事所呈现的那样，恐惧生活方式的形成源于多种因素。有时，这种因素是非常明显的，比如孩童时期受到创伤、虐待及忽视。有时，则源于其他因素，比如身体上或心理上的疾病，经济困难，死亡或者离婚所带来的重要他人丧失。先天的气质也会对外部的环境条件起到强化作用。

我写本书的主要目的是提供改变恐惧生活方式的方法。要想更好地理解如何摆脱恐惧，那么就需要清楚恐惧是怎样形成的。

恐惧生活方式的源起

恐惧生活方式的形成不是单一因素造成的。下面是几个主要的决定因素。

童年经历：丧失与创伤

在恐惧生活方式形成的诸多影响因素中，最为重要的就是悲惨的生活经历或有创伤的生活经历。身体创伤和情感创伤会严重损害一个人对世界的安全感。这种创伤带来的后遗症就是，对丧失再次发生有着持续的恐惧。你会无意识地做到安全行事，不会去冒不必要的险。如果创伤发生在生命早期，那么后果就会尤其严重。不必有太多次创伤，仅仅一次就会带来非常惊人的后果。

太多太快——凯瑟琳

凯瑟琳今年38岁，在她14岁时，她的母亲被诊断为癌症四期，三个月后就去世了。这使整个家庭遭受了毁灭性的打击。凯瑟琳的父亲难以胜任既做父亲又做母亲的双重职责。他情绪恶化，以酗酒来减轻悲痛。因为父亲不能很好地承担起养家糊口、照顾家人的责任，从那时起，凯瑟琳就开始处在非正式的家庭领导地位。她不仅担起厨师和管家的角色，还承担了抚养12岁妹妹艾丽西亚的重担。为了应对沉重的家庭责任，凯瑟琳变得能干、刚强。

现在，20多年过去了，凯瑟琳依旧生活在高度焦虑的状态中，主要表现为强烈的控制欲。即使是一点点的不确定性也会让她担心事情会"变坏"。凯瑟琳的僵化和悲观常常会导致她所担心的糟糕结果。她与朋友、亲戚开始疏远，在生意伙伴眼中成了出了名的控制狂，她总是坚持一切都按自己的方式去做，这也伤害了她的婚姻。

就像凯瑟琳的故事所呈现的那样，创伤性事件会把天真烂漫的童年时光变为成年后繁重而忧虑的日子。过早扮演成人角色的孩子通常能较好地完成外部任务，然而，在内心里，这个孩子常常充满了精神上的混乱。他可能会担心地问自己："我做得够好了吗？"他可能会生气、会纳闷儿："我怎么被卡住了？""为什么爸爸不能做父母？"孩子可能会感到孤独和寂寞，认为他必须照顾自己的家人。最后，这个孩子可能会怨恨："妈妈为什么要死？"

创伤的严重程度是不同的。如凯瑟琳所经历的那样，有些事件显然是毁灭性的。其他事件，如祖父母的自然去世，可能会给某个家庭成员带来毁灭性打击，但对另一个成员来说则可能不会产生太大影响。有些在成人看来并不算创伤的事件却可能让孩子失去平衡，让他大吃一惊，不知所措。比如说，好朋友突然搬到其他地方。再比如说，"9·11"事件可能不会直接影响到孩子，但仍然可能成为孩子生命中的重要时刻，它会使孩子反复经历痛苦、创伤画面和做噩梦。正如一个孩子所说："我会不由自主地想到飞机闯进大楼的画面。我住在美国俄勒冈州，但我仍然为那些失去父母的孩子感到难过。我不停地想，如果我的父亲或母亲去世了，那么我会怎样？"

经历的创伤越多，是不是就更容易形成恐惧的生活方式呢？不一定。一些经历过很多创伤的人仍然保持着韧性，以迎接生活的挑战和风险。当然，创伤性经历肯定会对恐惧生活方式的产生有着重要的影响。

微妙的创伤：对所发生的事情沉默不言

有一些孩子由于隐秘的创伤而变得恐惧，他们无法向任何人透露这种创伤，只能自己应对。对孩子来说，最让人害怕的情况之一是不理解正在发生的事情，并且没有可以向其寻求解释、建议或安慰的人。孩子们对许多情况的内涵了解不多，所以他们自然而然地会向别人寻求帮助，以了解真实情况。但是他们从别人那里得到的信息可能是令人困惑的、不真实的、模糊不清的。

发生了什么？——乔伊的故事

在外人看来，乔伊有一个慈爱、细心的母亲，然而乔伊发现他和母亲的关系既令人困惑又令人恐惧。多年来，他的母亲在公共场合的行为举止与私下里很不同。当别人在场时，她亲切、温暖、充满母性，但当只有乔伊在时，她经常做出不当行为，并且控制欲很强。乔伊经常听到家人朋友说他的母亲很好，但他与母亲相处的经历却吓坏了他。他根本无法预知母亲第二天的情绪会是什么样的。母亲是如此不可预测，这使他毛骨悚然，但他描述不出为什么。与此同时，他需要母亲，想要母亲的爱。几年后，乔伊长大了，他意识到他的母亲患有双相障碍，同时是一个酒鬼。这在很大程度上解释了之前的状况，但当他还是个孩子的时候，他却无法理解发生了什么。

一般来说，孩子不知道如何描述情况有什么不对，但他们常常能感觉到情况不对，并且事实的确如此——处在强势之人的摆布之下。于是，为了在原生家庭中生存，他们变得安静或悲伤，嚣张或胆怯，顺从或挑衅。成年之后，即使生活环境已经发生了变化，许多人仍旧以同样的方式生活。恐惧的生活方式对他们来说是那么熟悉，所以即使这种生活方式不再具有任何生存意义，它也会一直持续。

气质和遗传

恐惧生活方式形成的另一个重要因素就是气质和遗传。气质是最强大的人格决定因素。有些人认为，即使是新生儿也不是"白板"。有些婴儿很平静，有些婴儿很紧张、警觉性高；当感到不舒服时，有些婴儿很容易被安抚，有些婴儿则很难平静下来；有些婴儿渴望被别人拥抱，而有些婴儿却不愿与人接触。在第1章中讲到的杰克的故事就是一个气质影响恐惧的例子。他的原生家庭非常幸福，他是在充满欣赏和爱的养育环境中长大的。他在童年时期和青少年时期从未经历过重大丧失。但是杰克生来就高度紧张和敏感。进入青春期后，他发现应对生活更困难了。很多别人很容易处理的情况，他处理起来却犹豫不决、惊慌万分。他在人群中感到羞怯，在很多日常小事面前也变得手足无措。

父母教养的极端——过度保护和保护不足

没有研究表明某种教养方式是最有效的。但是教养方式或教养策略的极端化的确会带来问题。有些父母对孩子过度保护、溺爱，他们不给孩子自己成长的空间；有些父母则疏远孩子，以至于他们的孩子很容易受到身体上或心理上的伤害。

过度保护

孩子们凭直觉就知道，如果不冒点儿险，那么他们永远不会从生活中得到他们想要的东西。其实冒险的益处非常大。有的父母努力创造无风险的生活，他们的出发点或许是善意的，但最终却可能适得其反。偶尔的过度保护不会造成恐惧的生活方式，但是经常性的过度保护却会在不经意间传达出这样的信息：许多情况都是危险的，孩子没有能力独立应对生活中的麻烦，为了安全，孩子必须要依靠父母的干预和保护。

以下是父母过度保护带来的一些负面影响：

·**过度保护会造成虚假的安全感**。在这种情况下，孩子们往往认为妈妈和爸爸永远在那里，他们对父母产生了一种夸大的万能感。这样的结果往往就是，当生活中不可避免的困难、沮丧或者痛苦发生时，他们就会感到备受打击，无比气馁。

·**过度保护使得孩子没有机会去应对自己的过错或者判断失误，而这种经验其实是人生必须拥有的**。如果家长采取措施保护孩子不受任何困难和错误的影响，那么孩子就不会知道自己行为的后果。孩子会认为自己无论做什么，都可以依靠爸妈。没有失败和挫折感的环境所造成的问题，比它能解决的问题要多得多。

·**过度保护使得孩子没有机会评估风险、应对挑战，没有机会**

学习应对技巧、发展自信心。年龄太小的儿童需要非常明确的关于危险的信息。五六岁以下的儿童不能对风险做出细微的区分，他们还不能进行抽象思维。从七八岁开始，孩子就需要进行危险性评估。他们需要看到危险的不同等级，并做出有针对性的微妙决定。很多父母却通过"全或无"（这是安全的，这是危险的）的叙述方式阻挠孩子这一进程。

· **过度保护剥夺了孩子的现实榜样。**如果父母能够诚实地评估自己的生活，那么大多数人都会承认，当事情进展不是很顺利的时候他们通过冒险学到了很多。他们在计算成本和收益时获得了知识，甚至是智慧。他们已经学会了在冒险之前要获得更多的信息。他们发展出一种平衡兴奋和安全的能力。然而，这些人往往限制自己的孩子经历相同的过程并获得相同的智慧。

过度保护导致恐惧形成，不是因为父母有过失或不关心。相反，这一过程的发生是因为父母过于担心和忧虑。有些家长声称，抚养孩子时，再小心都不为过。但是，过于小心本身就有风险，会使孩子缺乏应对问题的能力。

保护不足

过度保护的另一面就是父母的保护过少。保护太少，就像保护太多一样，会引发孩子的恐惧。想想凯瑟琳的故事吧，母亲去世、父亲酗酒后，凯瑟琳和她的妹妹主要靠自己支撑生活，尤其是凯瑟琳，她承担起了对于 14 岁这个年龄的人来说过于沉重的责任。充当这种"准父母"角色的孩子往往会出现类似的副作用，因为这超出了他们这个年龄的应对能力。在孩童时期充当成人角色的人，往往会在心理上付出代价。

·**保护不足会使个体产生一种对世界的不信任感。**孩子如果没有得到很好的照顾（无论是身体上还是情感上的），就会在环境中感到不安全。

·**保护不足会将孩子置于危险的境地，因为孩子可能不知道如何应对生活中的麻烦和风险。**当独自一人、没有人可以求助时，孩子们常常会在高风险的活动中遭遇麻烦。

·**保护不足经常会让孩子担心自己做得不够好。**他们可能会出现所谓的"冒名顶替综合征"，他们感觉尽管自己做得很好，但还是会被人发现知之甚少，或者安全感不足。

·**保护不足使得孩子没有足够好的榜样。**这种情况不仅使孩子们受到不合理的期待和任务的困扰，也使他们不得不在没有引导的情况下履行自己的责任、处理自己的问题。

受保护不足的孩子面临的世界常常是充满风险的，由此导致的后果就是这些孩子对外人眼里的寻常之事都感到恐惧，并且这是一种持续的、长期的恐惧。受保护不足的孩子可能会成长为不断等待下一次危机、下一次挫折、下一场灾难的成年人。或者，他们可能会形成大男子主义的恐惧类型，用外在的虚张声势掩饰内心的恐惧，比如那些参与危险活动的人。

折中的解决之道在哪里

父母怎么能对自己的孩子做出既不多又不少的恰当回应呢？

过度还是不足？社会心理学家斯坦利·斯科特（Stanley Schacter）的研究表明，当人们处在模棱两可或具有潜在威胁的情境中时，他们会通过观察或互相沟通确定他们应该感受到什么情绪。此外，他们会通过他人的情绪状态来理解自己的情绪。斯科特的研究与我们的讨论内容是有关的，它有助于我们了解儿童是如何学习应对恐惧的。如果你父母的回应比较极端，那么他们的回应无疑会引起你的忧虑。

下面的场景展示了父母三种不同的回应方式是怎样影响到孩子的情绪观的。

想象童年早期发生的一次常见小事故：一个蹒跚学步的孩子正好奇地探索自己的世界。他被一个闪亮的新玩具吸引。他跑上前去，结果失去平衡，一头栽在了游戏室的地板上。他吃惊地看着母亲，想知道到底发生了什么事。

在场景1中，妈妈感到害怕。她惊慌失措，歇斯底里地喊着："老天啊！"孩子哭了起来，确信发生了可怕的事情。如果这样的情况经常发生，那么孩子就可能会逐渐形成恐惧的生活方式，变得胆小、草率、困苦、死板或出现强迫想法和行为。父母的过度反应会增强孩子的恐惧。

在场景2中，当孩子跌倒时，母亲要么不在场，要么在场，但都没有给予情绪上的回应。孩子吓了一大跳，却没有从母亲那里获得关心和安慰，这更加剧了他的焦虑。或者，孩子向母亲寻求安慰，却被母亲骂："别跟个爱哭鬼似的，你没有受伤。"不管怎样，孩子在父母那里不能获得减轻恐惧的反馈。

相比之下，场景 3 中的母亲则既镇定又充满关心。她仔细检查孩有无受伤，亲吻并安慰他："没事，一切都好。"孩子的恐惧减轻了。他继续进行他的探索。通过这种平和的反应，家长创造了一种鼓励孩子成长、冒险的好环境，孩子也明白了什么时候该害怕、什么时候不该害怕。这样的安全型家庭接纳错误的发生并尊重个体的自主决定。

好的教养方式是给予孩子鼓励，增强孩子的自信，尊重他的感觉，同时教他如何应对生活中的危险。惊慌恐吓以及情绪上的不稳定都不利于自信的建立。

练习：你家里发生了什么

1. 哪种类型的场景在你家最经常发生？

2. 童年经历对你有怎样的影响？

3. 你认为你仍在继续受这些童年经历的影响吗？

4. 如果有，是怎样的影响呢？

父母的期望

另一个影响恐惧生活方式形成的重要因素是不现实的期待、过高的期待或者过低的期待。

可能父母期望你变得完美，没有判断失误、没有太大差错、没有疏忽、没有懒惰，可你毕竟是一个正常的孩子，总会有搞砸事情、搞错状况、弄不清要求，或只是想偷懒或无心的时候。然而，尽管你的行为其实完全符合你的年龄，但你父母的高期望可能让你对自己的行为感到内疚。这种情况可能会引发一种焦虑的心理，因为即使你并没有让父母失望，你也会非常担心他们是否失望了。

迈克，一个向我咨询过的 10 岁男孩，表达了对学业成绩的高度焦虑。虽然担心成绩对小孩子来说是一个很正常、很自然的事情，但迈克却对把事情做好感到极度恐惧，所以我决定进一步探讨这个问题。

"如果你成绩不好，那么这意味着什么？"在一次咨询中我这样问他。

"这就意味着我做得不够好。"他沮丧地回答。

"如果你在学校里做得不够好呢？"

"我就进不了一流大学。"

我决定跟随目前显现出来的这段恐惧，找找它的源头："如果你没有进入一流大学会怎样？"

"我就不能为我的家人提供经济帮助。"

"然后呢？"

迈克看上去心烦意乱："嗯，他们就不会有好食物吃，不能住好房子，不会有愉快的假期，这都是我的错！"

在 10 岁的时候，这个男孩已经开始担心自己会成为一个失败者。

是不是迈克让自己充当了家庭供给者的角色——给家庭带来荣耀，给家庭最好的度假体验？不，我不相信。我在这个男孩的故事中总能听到他父母的声音，听到他们对儿子的期望。

吉娜的故事则大不相同。这个13岁女孩的父母对她没有什么期望。他们对她在学校的成绩不感兴趣，对她的社交生活很少关注，对她其他方面也没什么好奇。父母都完全专注于自己的事业，很少花时间和自己唯一的女儿在一起。吉娜说："我的父母不在我身边。"她说得对。她很少接受指导，经常漂泊不定，不确定别人对她有什么要求，她对自己应该做的事感到困惑。对于这样一个青少年来说，她得到的其实并不是一种自由的感觉，而是一种深深的焦虑。

吉娜的父母对她很不上心。当然，即使是对孩子比较上心的父母，他们对孩子的期待也可能是非常不足的。我认识的一些父母吹嘘他们对孩子充分信任，所以他们很少对孩子提要求，他们知道自己的孩子永远不会犯任何严重的错误，不会调皮捣蛋，也不会以任何方式功亏一篑。其实这是一种目光短浅的看法。孩子需要明确的期待和界限。对孩子而言，缺乏清晰、合适的期望是种负担，而不是礼物。

家庭中的恐惧氛围

一般来说，孩子比大多数父母认为的更为敏感、直觉性更强。他们的情感触角对家庭氛围异常敏感。即使他们无法识别来源，他们也很容易发现恐惧的信号。孩子是优秀的观察者，却不是很好的解释者。他们会注意到一些变化，比如"爸爸不像以前那样待在家里"，或者"妈妈经常生气"，为此，父母需要以适合孩子年龄的方式向其解释发生了什么。

父母对世界事件的回应

除了家庭创伤，外部事件和危机也会影响到孩子的情绪反应。正如约翰·肯尼迪遇刺事件对上一代人来说是重大事件一样，"9·11"事件是当代儿童的重大事件。媒体报道的国内或国际事件，比如战争、地震、洪水、飞机失事、绑架等，虽然发生在数千公里之外，但却可能引发孩子的恐惧。孩子对这些事件的反应会有所不同，这些不同取决于孩子自身的敏感性和父母的反应。下面是父母对"9·11"事件及之后几年发生的恐怖事件的三种反应。

在场景1中，爸爸当着孩子的面做出歇斯底里的反应："接下来会发生什么事？我们再也不会安全了！恐怖分子到处都是！"孩子看到爸爸心烦意乱，搞不清楚发生了什么事，但能清楚地意识到爸爸紧张的情绪，这让孩子感到烦恼和恐惧，却又没有能力去应对和解决。

场景2所描述的做法也是存在问题的：它试图将问题最小化。最近一次的恐怖警报之后，爸爸试图保护处在学龄期的孩子，于是表现得好像并没有什么重要的事情发生："噢，别担心。这些警报毫无意义。"他在国家发布橙色预警之后这样告诉孩子。将问题最小化，会使孩子没有机会了解正在发生什么，也没有机会学习如何应对紧张的情况。

场景 3 提供了更好的回应。爸爸感受到强烈的恐惧，但他只在成年人群体中——跟妻子或亲戚朋友——表达他的恐惧，他们之间也会互相分享自己的烦恼。然而，当他和学龄儿童交谈时，他给出了一个更慎重、更有分寸的回答。他用适合孩子年龄的语言解释恐怖警报系统。他让孩子们提问，然后诚实、镇定地作答。爸爸解释说，真实的恐怖袭击是意外突发事件，新的恐怖警报系统将有希望防止进一步的攻击，孩子们目前所处的环境是安全的。这会让孩子们感受到适量的恐惧，而又不至于被恐惧掌控生活。

如果父母允许可怕的、悲剧的形象连续不断地涌入家庭，那么孩子将会很难应对如此多的恐惧刺激。内奥米的父母就避免给女儿带来这种负担。在美国世贸中心被袭击之后，他们限制女儿接触媒体报道。当内奥米告诉朋友们"我很害怕，但我的父母看起来状态很好，所以我想我也会很好"时，她的父母知道他们的做法是对的。

当前的关系：有益还是有害

早期的经历确实对我们的情绪发展和我们对世界的反应有巨大的影响。然而，童年的经历并不是全部。因为你是一个不断发展的人，以后的生活事件也会对你产生深远的影响，无论亲密关系带给人的影响是积极的还是消极的，这种影响都尤为关键。

一些亲密关系能提供希望和承诺，从而减少紧张和焦虑，另外，这样的亲密关系还能提供滋养和支持。回忆一段让你觉得自己真的很好的成年关系——也许是与朋友、亲戚、配偶、治疗师或恋人之间的关系。如果有这样一段关系的话，那么它是不是：

- 让你更自信？
- 使你感到更有希望？
- 提高了你应对挑战的能力？
- 鼓励你畅所欲言？
- 促使你采取行动？
- 帮助你培养了洞察力和勇气？
- 激发出了更强的安全感？
- 帮助你欣赏自己以及自己的价值？
- 在强度和频次上减轻了你的恐惧？

有些关系却辜负了希望和承诺，增加了由于批评、恐吓、混乱和模棱两可而引起的长期恐惧。你经历过这种关系吗？如果有的话，那么你会发现它：

- 削弱你的自信。
- 阻止你大胆表达。
- 抑制你采取行动。
- 使你处于敌对、不恰当或辱骂的旧模式中。

· 强化了恐惧、不确定和自我怀疑的模式。

· 增加了依赖感和需要感。

· 让你旧伤难以愈合。

· 使你怀疑自己的价值。

· 增强了你对现在和未来的恐惧。

现在，你已经知道恐惧的生活方式是怎样形成的。是时候学习新的技能了，这将帮助你打破旧有模式。

第4章

改变是如何发生的

如果你已经准备好改变或者至少正在准备改变，那么怎样能让这些改变发生呢？如何学习一些能让自己的生活更加美好的必要技能呢？也许你幻想过，改变的感觉就像你能折断手指一般强大。有些人说，这就是改变的发生。我相信你也曾遇到过相信你能靠强烈的意愿和意志力战胜恐惧的朋友、同事甚至陌生人。也许有些人会告诉你，"没有什么可怕的""不要害怕""不要这么害羞""别担心""下定决心"，或给你其他类似的劝告。但你和我都知道，改变其实根本没有那么容易。

关于改变，你需要知道的事

一个人若不经过一个长时间不见海岸的阶段，就发现不了新大陆。

——安德烈·纪德

改变不仅仅是别人告诉你去改变或者你想要改变。改变是一个过程，而不是一个瞬时完成的事件。时间会改变你，生活环境会改变你，你的选择会改变你，但你不能仅仅是等待那些事情发生。你要积极主动，让改变发生。此外，你肯定不想朝相反的方向改变——变得更加恐惧，或者给自己创造一种更受限制的生活。当你有意识地开始改变时，以下观念将会对你有很大帮助：

·**改变是不可避免的。**试图阻止改变就像尝试阻止河水流动。这是不可能的。不管你耗费多少精力，河流的流势都比你的力量要强大很多。所以为什么不敞开胸怀，欢迎改变呢？

·**变化并不总是困难或麻烦的。**有些变化其实是很容易发生并且让人感到愉快的。所以当听到改变即将来临时，不要惊慌。随着你对改变愈加适应，你会更相信无论你需要做什么改变，无论你最初多么抗拒新情况的发生，你最终都会适应你需要面对的事物。

·**当你适应了改变，你就会发现改变其实会让你的生活更舒适、更愉悦。**举一些例子，比如学习如何使用电脑，放下你对运动锻炼的抵触，在人际关系中放轻松而不要总想着去控制。如果那些你曾抵触的改变成为你生活中最值得拥抱的部分，不要感到惊讶。

·**你对改变的抗拒常常是你性格中对立因素之间的斗争。**你性格中的一部分（冒险的部分）想体验多样的生活，而另一部分（谨慎的部分）则渴望远离伤害。为了让改变发生，你需要找到能让这两部分和谐相处的办法。

·**害怕改变通常是出于对未知的害怕。**当你更多地了解你在面对什么以及谁能帮助你处理它时，很多情况就没那么可怕了。

· **如果你按部就班地处理，那么改变就会变得更容易。** 虽然生活中的一些重大变化可能会毫无征兆地降临到你身上，但这种情况将有助于你逐步地去面对变化。你不必一下子处理所有的事情，你可以按照自己的步调逐渐接受新的现实。给自己一点儿时间，让自己对处理变化的新方法感到足够熟悉。所以问题不在于你是否会改变，而在于你在多大程度上改变以及你用什么方式改变。你愿意在无意识或非自愿的情况下改变吗——没有清晰的思考和选择？还是说你会睁大眼睛、敞开心怀评估和迎接改变的发生？

以积极的心态迎接变化

战胜恐惧是智慧的开端。

——伯特兰·罗素

和你希望完成的任何改变一样——不管是学会增强自信还是学会更好地做决定——驾驭你内心的恐惧有三个先决条件。

基本的态度是承认恐惧的存在

为了做出有意义的改变，你必须对自己诚实。当自己有麻烦时，你不能总是责备别人。你必须承认，习惯性忧虑、悲观想法、强迫思维、犹豫不决和无休止的控制欲是适应不良型恐惧的表现症状。承认问题的存在会让你认识到恐惧限制了选择，消耗了能量，并阻碍了成长。

认识到你能做出改变

你可能会认为自己容易恐惧的个性是天生的，你做任何事都无法改变这种个性。我建议你不要把恐惧看作一种不变的特质，你要把它看作一种态度、一种倾向、一种性情、一种你可以改变的生活方式。正如你可以从控制脾气和学习管理技巧中获得其他生理、智力和情感技能一样，你也能通过学习如何驾驭恐惧，学到帮助你保持冷静和发展勇气的技能。

相信你能改变自己的生活方式，这意味着你不再依赖那些幻想或者一厢情愿的想法，比如"如果我的生活有所不同""如果我是天生的冒险者""我那穿着闪亮盔甲的骑士在哪里？"，并且准备行动起来！

迎接改变的发生

最后，为改变以及改变的决定做好准备。一直以来，你都太恐惧了，是时候探索另一种生活方式了，从绝望（"我就是这样的，我不能改变，也无法适应、调整或减少我的恐惧反应"）到充满希望（"我是不断成长的、动态变化的、充满智慧的人，我不必一直身陷此处，我可以调整、修正、改变我的恐惧反应"），从关注不足（"这件事情我做不来"）到关注你的闪光点（"我擅长这个"）。

和许多新事物一样，在后面章节中你将学到的新技能也需要花些时间才能理解、掌握和操作。你需要时间掌握新概念、发展新技能，也需要时间感受这些技能给你生活带来的改变。所以请耐心些，要坚信你会到达你想到的地方。

在改变的道路上你会遇到的困难

坚信你会到达你想到的地方，这并不是说在改变的道路上你不会碰到任何阻碍。"凡事预则立。"下面是你可能遇到的一些典型的困难。

颠簸的旅行

不管你说你有多大的动力想要改变，你都可能会被自己的恐惧伏击。你在意识层面想要的可能并不是你在潜意识层面最想要的，潜意识层面的你可能并不想长大，不想面对可怕的状况、风险和不确定性。也许你只是想被照顾或希望得到没有任何痛苦的收获、没有任何风险的安全以及不需要努力就能实现的改变。

有时候，你追求改变的动机会动摇。你可能会觉得自己又被以往的问题困住了。你可能会因为自己或他人而感到不安、烦恼或不耐烦。这周你可能感到平静和美妙，下周又会对自己是否在进步感到非常困惑。你可能会分心，你可能觉得这条路太崎岖或者太漫无目的，或者你的改变已经到达停滞期，你不能再继续前进了。变化是复杂的，人们往往会觉得自己的变化和进步并不稳定或并不顺利，这并不少见。改变的道路往往是崎岖不平的。挫折的确存在，但这并不意味着你会被击倒或回到原点，你必须回到正轨并坚持不懈。

相信这个过程并保持耐心，变化总是发生在一系列渐进的小步骤中。

挫折、困惑和矛盾是正常的，不要让它们阻止你前进。

丢掉你已经学会的

我们可以学会恐惧，也可以学会如何摆脱恐惧。

——卡尔·梅宁哲

除非你是昨天出生的，否则你可能已经丢掉一些你已经学过的东西。大事如此，比如丢掉一种恐惧反应，同样，小事也如此，比如尝试一种新的食物而不是习惯性地拒绝它。你可能会犹豫要不要改变你的习惯性思维方式，你可能会否认改变行为的必要性，因为这些行为已经成为你个性中根深蒂固的一部分。然而，在内心深处你知道，如果你继续用同样的方式做同样的事情，你最终还是待在原地。你真的不想陷入恐惧中，不是吗？

说起摆脱旧模式，你只要去做就可以了。为什么？因为这是实现改变的唯一办法。

担心无知

也许你对改变的恐惧是基于一种担心，你担心新的状况会暴露出你的无知。认识新的人、参加新的活动或开始新的谈话，这些都让你感到害怕，害怕这些事情超出你的驾驭范围，害怕别人会发现你是多么笨拙和无能。多年来，我注意到每个人都有所谓的"无知"，就好像你在读八年级时有一周时间没到学校，你也没有按照课程计划补足那周错过的学习内容。或者你去野外度假一周，错过了头版新闻。也许你从来没有学过"矛盾"这个词的意思。或者你不知道鲁契亚诺·帕瓦罗蒂是谁。或者你从来没有学过怎样给录像机编程。或者，你甚至不知道自己不知道什么，直到跟别人聊起来，才感觉到自己与外界脱轨。你担心别人会发现你的无知，所以你干脆回避某些情境或谈话。最终回避和退缩成了你的一种习惯，等你意识到的时候，你已经与生活的很多方面都隔绝了。

人生不是一场谁掌握最多知识谁就是胜利者的竞赛，最重要的是不断成长和学习。因为害怕被人发现自己的无知，你完完全全逃避了生活，失去了太多宝贵的生命体验，这才是真正的损失。

不相信你的潜意识

可能会抑制改变进程的另一种方式是，你不相信自己的潜意识或直觉。我敢肯定你其实了解很多事情，但在别人说出你的想法之前，你可能并不知道自己有这种想法。当你学会尊重你的潜意识，改变会变得更容易，因为你将有能力专注于根本问题。

加里说得很好："在治疗中我了解到很多自己已经知道但一直无法接近的东西。在潜意识中，我知道它的存在，但是这种了解并不清晰也无法聚焦，直到治疗师把它带到我的意识层面，我才走近它、关注它。"他举了一个例子，"我和姐夫在一起时通常感到不舒服，但我从来不知道为什么。我的治疗师说：'他的声音听起来让人害怕，当他说话的时候，你会保持沉默。我猜你可能觉得你无法与他抗衡。'治疗师一说完，我就意识到事实的确如此。"一旦加里明白了这个问题，他就不会那么脆弱了。即使他没有做任何不同的事情，至少他知道当下发生了什么，如果他愿意，那么他就可以制订一个行动方案来处理它。当你开始相信你的潜意识，你就会发现改变更容易发生。

驾驭恐惧的方法

第5章

管理头脑

人不是命运的囚徒，而是自己思想的囚徒。

——富兰克林·D.罗斯福

你是否参加过管理头脑的课程？你是否读过关于如何思考的书？我很怀疑你们会给出"是"的答案。大多数人认为他们通过在学校中学习有关世界的信息学会了思考，但是学校教育通常只教你一种思维方式：寻找正确的答案。基于这个原因，你可能觉得一旦你找到了正确的答案，你就不需要思考这件事了：没有必要去反省你的想法或你所坚持的信念，没有必要提高你的思考能力。

但这种思维方式存在问题。在成年期，你必须要应对生活的模棱两可、那些没有正确答案的挑战以及没有解决方案的问题。你需要想出办法来应对生活的不断变化、起起落落，以及压力、紧张，因为它们没有简单的答案。如果你做不到，那么我可以确定地说，你将生活在恐惧中。

在生活的很多方面，人们都认识到了健康的重要性。如果你有自己的健身计划，我不会感到惊讶。也许你会在家锻炼，也许你会定时去健身房，你甚至会请私教。即便你花时间理财以保证你的财产健康，比如阅读理财相关书籍或咨询财务顾问，我也不会感到惊讶。近年来你可能学到了很多关于体重管理、时间管理和金钱管理的方法和原则，但是头脑管理呢？思想管理呢？我打赌你没有考虑过这些。

我相信，如果你未曾提高过你的思考能力，那么你现在的思考方式可能更适合解决儿童遇到的问题。还记得你小时候是怎样看待这个世界的吗？和大多数儿童一样，你可能会以一种"全或无"的方式考虑事件、情境和人。你是好人还是坏人？你做得对还是错？你在小团体里还是不在小团体里？童话故事也强化了这种非黑即白的思维，比如善良的魔法师和邪恶的女巫，善良的仙女和邪恶的继母，戴着白帽子的男人和戴着黑帽子的男人。"快乐永远"的结局也加剧了这种简单化思维方式的形成。

我们大多数人知道这句话："说什么不重要，重要的是怎么说。"这句话让我们更清楚地了解了自己使用的语言及其对他人产生的影响。但是你听过这句话吗？"重要的不是你想什么，而是你是怎么想的。"想想看！你的思维方式对你及你对世界的反应有着巨大的影响。你的思维过程要么增加了你的恐惧，要么减轻了你的恐惧。

小决定，大决定

头脑管理的一个重要部分是有能力做出好的决定而不过分焦虑。现代生活给我们的选择比以往任何时候都多。有些选择是有益的，有些选择则让我们烦扰、困惑，或使生活变得更困难。

我和儿子布瑞恩去了美国佛蒙特州的一个滑雪小镇，我们打算在去斜坡之前到安妮餐馆赶快吃点儿早饭。我们都点了橙汁、鸡蛋（只煎一面）、吐司和咖啡。当点完这几样食物后，友善的服务员问了我们一串问题：要小杯橙汁，还是中杯或大杯？要鲜榨果汁还是浓缩果汁？煎全熟的鸡蛋还是溏心蛋？吐司是要原味的、全麦的、带葡萄干的，还是黑麦的？还有咖啡的问题：要小杯的、中杯的、大杯的，还是特大杯的？要普通咖啡还是脱咖啡因的咖啡？咖啡是要加全奶油，一半牛奶一半奶油，全脂牛奶，含2%脂肪的牛奶，还是脱脂牛奶？布瑞恩和我有同样的反应。对于一顿简单的早餐来说，要做的选择实在是太多了，这么多选择到底给人提供了便利还是徒增了麻烦呢？我俩的共识就是，选择过多既提供了便利也增加了麻烦。但让我们更惊讶的一点是，小城镇里的生活难道不应该比大城市更简单些吗？如此多的选择应该是在星巴克之类的连锁店而不是乡村小餐厅才会遇到的呀！

现代生活中充斥着很多选择，众多的选项让我们不知所措。一件不怎么重要的小事却使你花费过多的时间和精力。也许你需要买件衣服，应该买这件还是那件？是不是太贵了？应该到别处看看吗？难以下定决心导致你根本无法做出决定，或者对做出的决定不满意，也或者最终做出草率的决定，比如超出预算。

生活中还有一些更重大的决定——是否要找一份更具挑战性的工作？是否要结婚？是否要离婚？是否要生孩子？你不知道这是不是合适的时机。你很害怕自己不能担起这个责任。你害怕自己会做出错误的决定。你已经 40 岁了，也许太晚了！你早该迈出这一步，做出不同的选择，做一个更好的选择，计划得更好，把它想得更清楚些……在因优柔寡断而产生的惊慌和恐惧中，你仍然不能决定自己想做什么。

如何处理让你矛盾又犹豫的窘境？如何使你更果断？如何批判性地、创造性地思考，进而做出更好的选择？在提供了丰富选择——或许是超出我们实际需要的更多选择（在不太富裕的时候，如果能得到简单的必需品，人们就会感觉很幸运）——的文化环境中，上述问题至关重要。清晰的思考和好的决策并不是自动产生的，也不是被动完成的。相反，它们是你在不断迎接新挑战的人生历程中必须学习、更新和完善的技能。

思考还是纠结

当学习如何驾驭恐惧时，很重要的一点是学习区分思考和纠结。

安德莉亚鲁莽草率，有睡眠问题。每次她都要很努力地入睡，要花很长时间才能将这一天的忧虑从脑子中赶走。每件事情都让她感到纠结心烦，比如需要洗的衣服、想买的新车、买给弟弟却又忘记寄出去的生日卡片、厨房里需要留心的漏水问题，以及她在股票投资组合中的巨大损失，这损失甚至使她的胃部非常难受。"我无法停止思考这些事情，"她说，"它们把我逼疯了。我不能放松，我不能入睡，辗转反侧一个晚上，我实在筋疲力尽了，没办法起床。"安德莉亚反反复复、无建设性的思考过程根本不是真的思考。这是纠结——不能解决真正困扰她的问题，反而加剧了恐惧感。纠结是她无法逃脱的恶性循环。

下面我来解释一下思考和纠结的区别。思考包括推理、反思、沉思，它是判断、分析或评价一个想法。它是一种具有创造性的过程。思考往往是富有成效的、目标导向的、行动导向的。思考方式包括线性推理思维、问题解决、头脑风暴和有创造性的白日梦等不同类别。

举一个关于思考的例子，比如你在报读成人教育课程时会遇到多种选择。你考虑了所有选项，权衡了具体课程的优缺点，想象了某些课程会是什么样子，然后又把交通、学费等实际问题进行了整理。

相比之下，纠结指的是头脑中充斥着某种单一的情绪或想法，而你却很难赶走它、摆脱它。纠结从 A 点开始，但一次又一次地回到 A 点。纠结的确也是一种思考形式，但它是一种无效思考，它来来回回，最后重新返回纠结开始的那个地方。这不仅仅是一种徒劳，还会适得其反。纠结总会连带着焦虑，因为同样的想法总是在反反复复出现而没有达成任何有效的解决方案。恐惧和疲劳就在纠结这个封闭循环中不断产生。

　　以下是一个纠结的例子，它呈现的就是一连串的焦虑："我真的应该读一些大学课程，但选择哪些课程呢？有这么多道程序，我甚至不知道从哪里开始！有当地社区大学，但也许那不是适合我的地方。还有成人教育学校，但是那些课程读完了我也拿不到学位。我到底该学点儿什么？商业课程？健康课程？计算机科学？可选的课程太多了，我简直不知道怎么选。也许去职业技术学院就读是条出路。但我不确定应该选择哪个专业领域以及我该如何支付我的学习费用。也许是贷款，或者我可以试着用补助金。我真的不知道该怎么办了！我真的应该参加一些大学课程，难道不是吗？但我实在是不知所措了。"

　　接下来的两个情境就呈现了如何从纠结回到思考，并最终以满意的行动计划作为结束。

回归职场

　　假设你的孩子稍大些了，你正在为是否要重返全职工作而苦苦抉择。在这种问题上纠结，你会很快筋疲力尽却又不能解决任何问题。"我真的需要重回职场，但是我怎么能做到呢？"你问自己，"哪家公司会录用我呢？如果我不被录用怎么办？做了一年的全职妈妈之后，我不知道怎样更新我的简历，我太紧张了，我不能很好地应付面试。""第一步，我会找人帮我整理下各种可能性，我有一些朋友和前同事，他们可以帮我思考推敲各个选项。我会打几个电话，看看他们有什么要说的。第二步,我会更新我的简历并写一封求职信。我可以在下周末之前完成这项工作。第三步,面试过程可能会让人非常紧张,但我之前参加过面试,我想自己有能力再完成一次面试。第四步,这个安排听起来不错,并且长远看来这安排对我也是大有好处的。现在是执行决定的时候了。我会先和我的朋友谈谈,然后为面试做些准备,也许会和职业顾问见见面。我得重新规划下我的日程,把一些家务活交出去。即使会有段时间比较忙碌,我也会逐渐调整适应。"

正如你所看到的那样,这个思考过程不会使复杂的问题消失,但它会使你用更系统、更富有成效的方式处理问题。

让人焦虑的投资市场

这是另一个场景:纠结要不要投资。"哦,我的老天!"你惊叹,"我已经在投资市场上失去了那么多的钱!我怎么能一直那么傻?也许我现在应该卖出一些股票以减少损失。或者我现在应该再买进一些,因为目前股价如此之低。但我上个月就是这么说的,现在看看我这个月损失了多少吧!看来,我不擅长投资——永远赚不到钱!我也真是傻,当时就不该听我那愚蠢姐夫的话!"由于在这种思维里来回兜圈,你开始歇斯底里,自我贬低(你是一个金融白痴),喜欢诋毁他人人格(你姐夫甚至更差劲),悲观绝望……却不采取任何解决问题的措施。

另外的应对方式是怎样的呢?它更加平和稳当。你说:"嗯,近几年投资市场的确非常让人失望。自从投资市场不像之前那么繁荣，我已经损失了很多钱。但问题是，我现在应该怎么做？这里有一个计划。第一步，我要保持冷静。冲动地做决定只会使情况更糟。第二步，我要得到一些更可靠的建议。我姐夫可能是出于好心，但他毕竟不是金融奇才。第三步，我要与我的金融顾问并肩努力，以实施更好的长期战略。"再强调一遍，真正的思考会带来更好的结果，并能减轻你的恐惧。

该怎么逃脱这种持续的精神痛苦呢？这里有一些可以帮助你从纠结转变为有效思考的行动步骤。

首先，你必须脱离纠结的模式（或至少限制下你花在纠结某件事情上的时间）。就像对付一个要玩电插座的两岁孩子一样，你也可以把同样的技巧用在自己身上——用其他东西使你分心，转移你的注意力。打开电视或者听音乐，做你一直回避但其实相对容易的任务，比如把照片放进相册里、打电话给朋友。如果你把阅读作为一种休闲方式，那你也可以尝试下阅读，但要选择相对容易些的阅读内容，否则你会重新开始纠结，同时你会很难集中注意力。

其次，锻炼是缓解纠结心态和强迫性心态的一种有效方法。如果你讨厌锻炼，简单动起来就好。动起来，然后做些什么。这其实很简单，比如把双手向上方伸展，把脖子尽力往后伸，或者在街区散步。如果你喜欢锻炼，那么你可以让自己沉浸在某种运动中。它并不意味着一定要去健身房，你可以去跑步、打网球，做一些瑜伽或太极，练习深呼吸等。如果内心充斥着一个又一个痛苦念头，那就装不下其他新鲜、刺激的想法了。一旦你不再纠结，你就可以开始以更有效的方式思考。但是，如果你的精力被其他东西占据着，那么即便你一直找寻的答案可能已经在敲门了，你也不会听到它的声音。

练习：控制你的纠结心态

想出你经常纠结的三种内容，可以是你需要做出的某个决定、你需要采取的某个行动或者需要解决的某个问题。

1.＿＿＿＿＿＿＿＿＿＿＿＿＿＿＿＿＿＿＿＿＿＿＿＿＿

2.＿＿＿＿＿＿＿＿＿＿＿＿＿＿＿＿＿＿＿＿＿＿＿＿＿

3.＿＿＿＿＿＿＿＿＿＿＿＿＿＿＿＿＿＿＿＿＿＿＿＿＿

现在回到你写的内容并逐条进行思考。在一张纸上写下能帮助你做出决定、采取行动或解决问题的三到五个步骤。在开始之前，我建议你做三次深呼吸，用一种温和的、令人安心的声音告诉自己："我做得来。"你现在已经为做一次成功的尝试打下了基础。

避免过度分析带来的无力感

另一种由恐惧产生的徒劳的、无益的思考，是陷入分析时导致的瘫痪。尽管做了很多研究，进行了反复考虑和规划，但你发现自己并没有真的在做决定或进一步解决问题。你做的分析越多，状况就越糟。

并非多多益善

每当珍妮丝试图做重要的决定时，她都会陷入过度分析带来的无力感中。作为一个控制型的人，无论面临什么样的状况，她都不会退缩，她只是积累了太多的信息。结果是，她陷入了试图了解一切的泥潭中。最近，她一直试图决定 4 岁的儿子肯尼斯应该去哪里上幼儿园。"我想让我的选项更加系统化。"珍妮丝说，"我已经收集了关于本地区学校的大量信息。我不想错过任何可能性。另外，肯尼斯有艺术天分，所以我希望能选择一所可以提供有趣的课程的幼儿园。"起初，珍妮丝找到了比她预想中的数量和种类还要多的学校，这让她特别高兴，但是学校的数量和种类如此之多，让她感到思绪混乱。"有这么多学校！一些学校是我通过电话簿查到的，一些是他人推荐的，更多的则是通过网络检索出来的。然后我打电话给这些学校，同校领导沟通。这是件很繁重的工作——选项如此之多，每所学校的情况又如此不同。"将种种可能性进行整理排序后，珍妮丝创建了一份关于学校属性的图表清单，包括规模、成本、师生比、特色课程项目等。但似乎她收集的信息越多，她感到越糊涂。最糟糕的一点是，她感到越害怕，她害怕自己会搞砸整件事情，她担心自己会把肯尼斯误送进一所并不适合他的学校。

适可而止吧

戴比对自己的能力感到自豪，对生活中诸多事情她都能进行较好的管理。然而在最近的卧室装修问题上，她却从一向支持自己的13岁女儿那里听到了令人惊讶的控诉。杰奎琳说："妈妈，你有点儿过分了。下定决心做出决定吧，不要再因为卧室装修问题搞得其他人崩溃了。我的意思是，这只是间卧室而已！""我知道她是正确的。我最近对于卧室装修完全着魔了。每天都是一个新的危机。要做很多决定，而我根本不确定到底怎样才是最好的选择，我如此犹豫踌躇，甚至搞得周围的人都要疯了——不仅包括我的家人，还有我的装修设计师及她的助理。我每天都在不停地改变想法，总是对已经做出的决定感到不满意。"

这种认识带来了一些重要的见解。"我知道持续不断的分析正使我失去对这个项目的热情。"戴比说，"这些年来我一直盼着重新装修卧室，但现在它却让我备受煎熬。此时，我认识到自己需要冷静下来。否则我会毁了一切。真正地放手，说句：'好吧，这是我的选择——再不改变了。'这让我感到惊慌、害怕，这对我来说太困难了，因为我想管理好每一个细节。但我常常不知道何时该停下来。我要记住，我选择的装修设计师声誉极好。所以我为什么不相信她能把这份工作漂亮地完成呢？我真的不需要猜测她的每一个动作，也不需要分析她的每一段工作时间。"

在类似上述的状况下，我的建议是，对于困扰你的事情，少去想，尽量让事情变得更简单些。有时为了更好地思考，你反而做了更多错误的思考。更多的思考可能只会把事情弄糟，太多的选择、太多的分析会增加你的无力感。不要觉得你不停地分析更多的信息就必然会带来更好的结果。所有的分析都会达到一个收益递减点，基于直觉做决定同基于对无尽信息的细致评估做决定差不多，两种方式均有可能让你相对快速地做出较好的决策。

过度分析之后的放松

如果过度分析是你的克星，那么以下是帮助你进行应对的几种方法。

1.说出一件占用你太多精力的事情。现在想想为什么你完成这件事情那么困难。我现在给你提供一份可能性列表，给你开个头。然后请你根据自己的实际情况进行判断，在符合你情况的项目旁边加上选择标记。

我在这件事情上花费了太多的精力。因为：

"我希望一切都是完美的。"

"我拖延以避免做出艰难的选择。"

"它让我觉得自己是一个很重要、工作很勤奋、很忙的人。"

"它给了我一个不做其他事情的借口。"

"我宁愿不做决定也不想做出错误的决定。"

"我是一个理想主义者，在万事俱备之前我绝不开始行动。"

"它填满了我的空闲时间，我不知道还能做什么。"

"我担心别人会对我做出的决定有意见。"

"我不知道如何结尾。"

"当这件事情完成后，我就得处理下一件事情，所以我现在还不如不行动。"

"我是一个有强迫行为的人——我就是这样。"

"除非有紧急情况催着我完成一件事，否则我永远也做不完。"

"我总是分析、思考各种可能性，所以不能真正有效行动。"

"我是一个好的思考者，而不是一个实干家，我很难跳过思考的步骤。"

现在你可以列出上面清单中没有提及的其他原因。当你完成后，回顾这份清单并在最符合你情况的三个主要原因的题号旁边画一颗小星星。

2. 把标记过的条目用相反的话进行陈述。这句话与原来的意思完全相反。例如，如果你写的是："我希望一切都是完美的。"相反的陈述就是："我不需要事事完美。"或者你写的是："我拖延以避免做出艰难的抉择。"相反的陈述就是："我可以做出这个艰难的抉择。"有时候，你需要更具创造性地表达这个相反的陈述句。例如，"它让我觉得自己是一个很重要、工作很勤奋的人。"相反的陈述就是："成为工作勤奋、过于繁忙的人并不是我真正想要的。如果不再做这种每处细节都需要亲力亲为的大项目，我可以更好地享受生活。"

即便你不相信这些反向陈述句，也要尽你所能把它们说出来。大声说出来吧，让这些反向陈述句作为一种可能性存在于你的生活中。这个练习是一种探索，你不是在只能讲真话的证人席上。你正在进行一次探险，去发现新观点，探寻更有效的思考方式吧！

3. 为了帮助自己完成一件事情或一个项目，不妨给自己设立截止日期并做时间预算。

有关珍妮丝的截止日期的描述可能是："我在下星期前会决定到底给肯尼斯选哪所学校。"

这件事情的时间预算可能如下：

· 在互联网上搜索更多信息：3 小时

· 审阅学校宣传册：2 小时

· 与学识渊博的朋友交谈：20 分钟

· 评估自己掌握的信息：45 分钟

· 与配偶讨论学校：90 分钟

· 填写 3 份学校申请：3 小时

现在到你了，请为自己要解决的事情设立一个截止日期并做时间预算吧！这些时间点不是刻在石头上的，它们可以被修改。让这些时间点发挥一种指导作用，这可以避免你长期深陷在分析带来的无力感中，并帮助你在适当的时间内给事情或项目做一个适当的结尾。

头脑风暴

"我讨厌我的工作，"玛丽安说，"我很想放弃，但我害怕。现在的工作能帮我支付账单，能给我提供健康保险、地位以及体面。我不能放弃这些福利，所以我谨小慎微，避免出错。"

"如果你不谨慎行事，那么结果会怎样呢？"我问她，"如果出了差错，你会怎么办？"她立刻笑了起来，调皮地说："我会辞掉工作，外出旅行一个月，然后开始自己创业。"

好吧，不管怎样，玛丽安那天没有辞职，但她在六个月后辞职了。她当时在工作中出了差错——不过这也许是件好事。因为她现在是一家小型公关公司的老板，她热爱她的工作，而她的几个前同事后来都被公司解雇了。

玛丽安最近告诉我："当我冒险的时候，谁知道情况会怎样呢？辞职是我为自己做的最好的事情——结果也证明，我现在的状况比前同事还要好些。"

但是头脑风暴并不仅仅是一种反向的思维过程，它也是一种生成更多种解决方案的好方法。你可以自己进行头脑风暴，可以和朋友一起做，也可以在一个小团体里完成，比如与你的家庭成员一起。不要因为听起来很荒谬或者看起来不可能完成就拒绝某种可能的方案。在进行头脑风暴时，为了产生更多可能（不一定非要符合现实或者必须具备极大的可能性）的问题解决方案，要允许你的头脑朝任何方向进行思考。如果你能努力用一种非惯性的方式去思考问题，结果可能会令你大吃一惊。你将设想从未想到过的、带给你全新兴奋感的可能性。头脑风暴会丰富你的思维，这一点很容易做到。它不会影响你去思考其他的可能性，也不需要你花费一分钱。

头脑风暴——团队的努力

这里举一个小团队的例子，我们一起看看团队成员们是怎么进行头脑风暴的。斯奈德一家包括阿特、杰瑞和他们的两个已成年的女儿，即勒奈特和洛丽，他们会在暑假的某段时间外出旅行，这是家庭惯例。在制订旅行计划时，每个人都可以提出自己感兴趣的想法，其他人需要不带评判地倾听这些想法，然后家人们会根据实用性、成本和其他的标准考虑这些想法，并把选择范围缩小到只有三个选项的"短名单"。最终，他们再对这三个选项进行研究，通过投票，全家做出选择。

斯奈德一家运用头脑风暴想出了这些选项：

杰瑞："我们去加勒比吧。"选项：牙买加、百慕大群岛、阿鲁加或者波多黎各。

阿特："我们在当地玩儿吧。"（斯奈德一家住在美国华盛顿地区）选项：外环岛、殖民地威廉斯堡、蓝色山脊山脉。

勒奈特："我想去看看美国西部。"选项：科罗拉多州、犹他州、亚利桑那州或加利福尼亚州。

洛丽："我只想去一个可以游泳和潜水的地方。"

显然，斯奈德一家还没有做出决定。他们现在需要缩减选项，最终达成令所有人都满意的度假方案。头脑风暴是一个伟大的开始，它会推动你超越内心的恐惧，超越思维的狭隘，产生更多富有想象力、充满智慧的想法。

重构情境

大部分人在成长过程中会觉得自己所认为的事实就是客观的事实。但他们没有意识到，所有人都是基于经验、家族史、性别、文化、习得性偏见等构建了自己的世界。我们不只是活在这个世界上——我们总是以一种自认为很自然的方式解读这个世界、解读我们的经验。除此之外的其他方式都被我们视为怪异的方式。这种对经验的解释被称为框架构建的过程。积极改变你的解释也就是所谓的重构过程。

构建新的现实

我希望你能结合上述内容来理解下面这个例子。我们都知道，对于一个装有半杯水的杯子，有些人看到的是半杯水，剩下的人看到的则是半个杯子空着。我们把第一种人称为"乐观主义者"，把第二种人称为"悲观主义者"。谁是正确的？如果你选择乐观主义者，恭喜！你选择了正确的答案。如果你选择悲观主义者，恭喜你！你也选择了正确的答案。有两种正确答案？是的，这取决于你如何解释你的世界。

如果你想从一个悲观主义者变为乐观主义者，或者从一个神经紧张的人变为一个冷静的人，那么你就需要学习如何重构。在大多数情况下，最重要的不是事实如何而是你如何看待这个事实。你认为它是好还是坏？你会关注你拥有的，还是会关注你没有的？

如果你生活在恐惧中，那么你可能就会有一种习惯性的、自动化的思维模式，这让你觉得很多情境都是非常可怕的——不管是不是真的很可怕。是时候打破这种通过主观视角看世界的习惯了，请开始以一种相反的方式看待你所处的情境吧。这里有一个办法。假设你要教公司领导学习一款计算机软件程序。原来的思维框架是：多可怕的一件事情！伴随这种思维框架，你会想：

"我根本做不了这件事！"

"我怎么能摆脱这件事呢？"

"我会让自己出丑的。"

"为什么是我？"

不要继续把这件事视作一个麻烦，停下这个思维过程。现在，开始重构。展开你的想象，想一想：你还能怎么看待这种情况？重构：这件事情是令人兴奋的！与之相伴的想法是：

"多好的机会！"

"我是怎样为自己赢得了这样的机会呢？"

"这是一次幸运的突破。"

"这是我大放光彩的好时机。"

当你重构情境时，除了要用不同的眼光看待现实之外，你可能也需要做些不一样的事情使得你对情境的解释更加成功。在前面的例子中，把你从害怕的思维模式转变为兴奋的思维模式是重构过程的第一部分。第二部分是你要不断努力，确保你的确能大放光彩。如果你不采取行动来支持你的新思维方式，那么它可能会对你产生不利的后果，会进一步强化你原来的解释（"你看，这是可怕的。我做了一份可怕的工作。"）。在另一些时候，重构则不需要支持性的行动。它就是一种创新性的思考方式。

你想学习用创造性的方式来重构你遇到的情境吗？

听听孩子们怎么说的吧，他们没有被洗脑，不会觉得每件事情都有一个正确答案——而所谓的正确答案就是其他人认为的正确答案。

这是我最喜欢的两个例子：

孩子是最棒的重构者

关于重构，我的儿子丹尼尔在上幼儿园时给我上了难忘的一课。丹尼尔是一个坚定、自信的小男孩。有一天下午，我实在受够了他的胡作非为，于是决定采取点儿行动。脾气暴躁的我拉着丹尼尔从走廊一直进到他的房间，我把他推进去，随手砰地关上了门，我说："你现在待在里面！"话音刚落，丹尼尔就当着我的面"砰"的一声又打开房间门，大叫道："那你别进来！"

我离开了丹尼尔的房间，却为他的勇气和胆量暗暗发笑。我可以惩罚他待在自己的房间里，但我无法夺走他的个人意志。他重构了情境，使得我对他的惩罚反倒变成了他对我的惩罚。我小时候经常被别人惩罚，也体验过那种害怕的感觉，但丹尼尔在 3 岁的年纪就已经有重构情境的本领，这给我留下了深刻的印象。我想："如果他能做到，那么我也能做到。"此后，这件事情深深印刻在我脑海里，在很多困难的时候能激发我的信心。我们养育孩子，为孩子着想，然而他却成为我们的榜样，多么有趣！

下面是另一个关于孩子重新定义自己处境的故事，但家长却对此了解不足，不能认识到孩子显现出的能力。

沃尔特开车去接刚结束足球训练的 6 岁女儿阿米莉亚回家，那天他心情很烦躁，当他从后视镜发现女儿没有系安全带时，他大声叫道："不要跳了！系上安全带，坐好，不要乱动！"

阿米莉亚听话地系上了安全带。几分钟后，他注意到女儿坐在后座双臂交叉，脸上挂着顽皮的微笑。沃尔特问她什么事这么好笑。她回答说："你让我系上安全带静静地坐着，但我还是能在这个小空间里活动呀。"

很遗憾沃尔特并不了解重构的概念，他不了解女儿的回应中所包含的创造力和智慧。他从未认识到孩子也是值得尊重的。所以，当他们回到家里，沃尔特因为女儿"还可以在小空间里活动"的"过错"惩罚了她。

从结果中解放出来

一个世纪以前，大多数人认为他们不能控制生活中许多事件的结果。人们接受了这个事实：事情发生了就是发生了，你无法干预它的发生。孩子们"来到这个世界"，他们不是被计划来的。你不用为理想的职业而苦恼伤神，你只是"掉入某种工作中"。然而，现在我们对生活有更多的控制，当我们无法控制我们的命运时，就会感到非常痛苦。

如果你不再预期事情结果总是对你有利时，那么你的恐惧就会减少。这并不意味着你应该对你的选择和行为所导致的结果漠不关心。相反，它意味着你需要接受这样的现实：虽然你可以根据情境做出相应的决策和行动，但是不能强制某些特定的事情发生。你不能总是控制一切。

做你该做的

罗伊今年 42 岁，离异，他清楚地意识到自己很害怕被拒绝。他一直想跟塞丽娜约会。但每当他准备做这件事情时，他就会专注于这件事可能会出什么差错。"一想到要跟塞丽娜约会我就开始感到兴奋，但是紧接着我就会被恐惧淹没。如果我被拒绝了怎么办？如果她觉得我不够好、配不上她怎么办？如果她已经有男朋友了怎么办？由于不停地考虑这些令人苦恼的可能性，最终我什么都没做，还待在原地。"

罗伊之所以对自己跟塞丽娜约会的事情长期感到不安和苦恼，是因为罗伊把自己的成功与塞丽娜的回应捆绑在一起。把自己从结果中解放出来意味着约会是否成功并不重要。最重要的是，罗伊能采取行动，并且这种行动是在他的控制之中的：向塞丽娜提出约会的邀请。

另一种勇气

接下来是一个涉及相同问题的事例，但是它更加复杂，里面涉及的情感也更加痛苦。伊桑成长在一个男性家庭成员都很坚强的家庭中，他称他们为"有勇气的男人们"。他的父亲、两个叔叔和他的哥哥都是消防员，由于这份工作的特殊性，伊桑家的人经常听说一些令人担心的、可怕的经历。但由于家里的确也没发生过变故，因此那些令人伤心的、悲惨的故事似乎都与他家无关，都只是别人家的故事而已。竞技性体育运动也是这个家庭生活内容中很重要的一部分。像"没有痛苦，就没有收获"和"排第二名的就是失败者"这样的信念从童年时期就已经深深印刻在伊桑脑海中。

对于拥有这样的家庭成长背景以及大男子主义倾向的伊桑来说，勇气似乎就是男性的代名词。如果你不勇敢——如果你无法承担后果，无法扛起重担，无法咬牙坚持，无法服从命令——你可能会被认为是一个胆小鬼。伊桑家对勇气的定义就是身体强壮、内心坚强、果断服从。

但现在伊桑正面临一个完全不同的挑战。他 43 岁的妻子珍妮，刚刚被确诊胰腺癌。他最初的反应是可以预见的："我们要与这个疾病抗争到底。""我们会克服困难。""我们不能让疾病击垮我们。"但随着时间的流逝，随着化疗的继续，随着病情的发展，珍妮越来越受不了伊桑对待她的病情的态度。她终于开口说话了，并且是男人往往害怕听到的话："我们需要谈谈。"

"谈什么？"他问道。

"伊桑，我需要你接受我可能会死的事实。当你一直告诉我要与疾病抗争、抗争、抗争，我感觉更糟，而不是更好。你让我觉得自己很失败。当然，我不想死，我想活着，但是我知道这是不太可能的。"伊桑觉得珍妮说的这些话有些莫名其妙，他以前从未听到过类似的话。珍妮说："我需要你和我在一起——不要故作勇敢，只要接纳我得病的事实就好。否则，我无法与你自如地说话。一想到要离开你，我就感到无比抱歉，我也害怕面对达利亚，她只有12岁。可一旦我走了，她就不得不告诉别人究竟发生了什么。我不想让她在并不强大的时候却不得不强大起来。我不想让她那样，也不希望你和我这样。"

伊桑生平第一次需要一种全然不同的勇气来处理自己正面临的事情。以往他都是战斗到底，这次则不同，他需要把自己从结果中解放出来。他的确希望珍妮会战胜疾病，但这太不现实；珍妮也渴望打败疾病，但这根本不可能。"付出百分之百的努力"也没有实质意义了，因为癌细胞是在不断扩散的。"不要逃避责任"这样的信念也不再适用了。这是伊桑面临的一个新挑战。

这种勇气意味着无论发生什么伊桑都要接受，都要放弃控制。伊桑需要做的仅仅是陪伴着妻子，而不是与疾病一味抗争。他面对的是一件自己根本无法控制的事情，这与以往大大不同。他的挑战就是接受事实，倾听爱人。他的任务就是什么都不用做。

这是一种新的勇气，一场他并未准备好的考验——放手。

计划和放手

很多人，特别是完美主义者给自己制造出了很多恐惧，因为他们对成功的唯一定义就是一切都要完美、顺利。但生活并不总是"一切都刚刚好"。比如在股市当中，如果一年的时间里标准普尔指数下跌25%，而你只损失10%的退休基金，你可能会对自己的投资方向感到高兴。然而，像吉姆这样的完美主义者可能就会吓坏了，他不仅会哀叹自己损失了钱，还会认为"自己什么都做不好"。他为自己的损失不断悲叹、抱怨，这些情绪也会对他产生不小的影响。

对于此类问题情境，从结果中解放出来意味着你要有一个让自己感到满意的财务计划，但是，即使是非常合理的财务计划也并不能保证你每年都能拿到利润。它也意味着如果你亏损，这并不能说明你（或你的财务负责人）做错了什么。你只是因为投资市场的正常起伏而暂时亏损。同样，从结果中解放出来，也并不能保证你能成功约会、找到一份称心的工作，或者让你的孩子取得好成绩。这些事情的结果并不完全处于你的控制中。勤奋工作，用心沟通，努力追求自己想要的东西，这些都是值得去做的。持续的担忧以及总是过分追逐某个特定的结果并不会真的帮助你达到目标。相反，我建议你把注意力集中在当下时间当下情境中你所决定好的最佳行动方案上。做你能做的，适当放手。

练习：把自己从结果中解放出来

这里有一些情境重构的例子，情境重构可以帮助我们从结果中解放出来：

· 不要这样想："我必须得到这份工作。"

· 可以这样想："不管过程和结果如何，我只要为面试做好充分准备就行！"

· 不要这样想："我不敢问他借钱。"

· 可以这样想："我会问他借钱，并向他解释借钱的原因。如果他拒绝，那么我就再考虑其他方案。"

· 不要这样想："我感觉身上有肿块，好担心医生会怎么说。"

· 可以这样想："我的身体到底出了什么问题，这点我无法控制。但是我可以找一位贴心的朋友陪我一起去看医生，如果是个坏消息，那么我也不至于太过孤单。"

现在，考虑下你自己的情况：

1. 写出一件你需要从结果导向中解放出来的事情：_____

2. 现在重构你的思维方式，从结果导向转为行动导向：

· 不要这样想：_____

· 可以这样想：_____

把这种结果导向到行动导向的转变，应用在另一件事情中：

· 不要这样想：_____

· 可以这样想：_____

培养一种放松的心态

"放松点"，这句话说起来容易做起来难。然而，它仍然是一个值得追求的目标。如果你能拥有放松的心态，那么你将不太可能再陷入重复的、强迫性的思维模式。你可以充分权衡你的选择和决定，更清醒地思考，体验到更少的疲劳感。

寻找危险

琼今年 34 岁，是两个孩子的母亲，是警觉型恐惧类型的人。她是那种无论走到哪里，都会随时关注危险的人。每当她寻找危险时，她总是能找到。她往往会把生活中遇到的艰难坎坷看得更严重、更具威胁性，或更糟糕。她最近取消了家庭的滑雪之旅，因为她担心自己或家人会在滑雪中摔断腿。

琼需要学习如何培养一种放松的心态。如果太紧张，那么人们就难以放松和享受。怎么让自己放松下来呢？方法之一就是转移注意力，从感到威胁、紧张的情境转移到让你兴奋或者充满希望的情境。琼无法控制可怕的想法闯进她的脑海，但是她可以学会控制可怕想法在脑海中的停留时间。琼不断提醒自己计划这场滑雪之旅的初衷——滑雪是很有趣的、很好的家庭度假活动，家人可以借这个机会一起去户外——以此来控制担忧、恐惧在自己脑海中的持续时间。

警觉型恐惧不仅会毁掉所有的乐趣，还会耗尽你的精力，并且不会增加你的安全感。突发事件和挫折是生活的一部分，但对灾难时刻保持警惕并不是有益的做法；相反，它可能会使人筋疲力尽。即便真的发生了可怕的事件，在经历了最初的震惊和急性应激后，用平静、从容的语言让自己放松下来也是很有帮助的，比如"我会搞定它"。你还可以告诉自己："在这样艰难的时刻，我可以获得支持或者最终找到一个方法来解决这个问题，虽然我不知道何时做、如何做。"

减轻负担

"当我还是个孩子的时候，"瑞克说，"生活比现在要容易得多。过去，我会自己去学校、打球、骑自行车、看电视，我是个让家长、老师省心的孩子。但现在我觉得自己很脆弱。我有一个特别追求完美的妻子，还有两个需要我操心、管理、督促的儿子。我压力很大，我得好好赚钱创造更好的生活，让他们都有机会去做感兴趣的事情。如果我不能为他们提供这样的生活，那么我认为他们会失望的。"

瑞克发现妻子的期望让他压力很大。"我想让妻子开心，但这变得越来越难以实现。我们第一次见面时，她很喜欢我的随和。现在，她却变了。她特别冷酷无情地评判我做到的以及做不到的事情。我的性格没能使她变得轻松些，反倒是她一直影响我，使我变得越发焦虑紧张。我不想再这样继续下去了。"

处在这种让人紧张的婚姻中的瑞克一直在努力寻找摆脱沮丧和减轻压力的途径。他说："为了让自己更轻松，我在家里和办公室里安装了投篮设备。"投篮仅仅是减压的一个小方法，但是却很有效。"我从十几岁的时候就一直听音乐，我每周都与一些音乐家朋友聚会。这些活动可能看起来微不足道，但它们让我感觉自己又回到青少年时期那种无比放松的状态。"更重要的一点是，瑞克和他的妻子已经开始了婚姻咨询，在咨询中他们可以表达并处理彼此间的不满和误解。他们现在正学习尊重彼此的差异，并在事情变得更糟之前把心中的不悦充分表达出来。

放松心情的小提示

·听音乐。任何一种抚慰你心灵的音乐都可以。

·洗个热水澡。没有什么比来个热水澡能让你更快速地放松下来的了。如果你喜欢，那么让自己沉醉在清新的沐浴泡泡中也是不错的选择。

·坐在壁炉旁。什么也不做，就静静地看着小火苗，发呆20分钟。

·买一个禅宗饮水器。安静地倾听流水的低语。

·运用幽默。讲一个笑话，听一个笑话，享受生活中那些搞笑或愚蠢的时刻。

·运用你的想象力。想象你的心中有这样一个地方，你在那里感到安全、温暖、舒适。待在那里，只要你需要，待多久都可以，直到头脑安静下来、身体放松下来。等你真正准备好了，再从那个地方出来。

身体放松，心态才能放松。在第9章和第10章，我会提供关于如何放松身体的建议。

第6章

转变态度

过于谨慎恰恰是最大的风险。

——贾瓦哈拉尔·尼赫鲁

"最伟大的发现，"威廉·詹姆斯写道，"就是人类可以通过改变自己的态度来改变自己的生活。"生活给我们提出了许多挑战，其中有一些甚至带有危险性。但是你可以认真评估下你的处境，权衡出最佳的行动方案，并坚定地执行它，这样你就可以驾驭内心的恐惧。

限制媒体接触

控制内心的恐惧其实不是件容易的事情——尤其是在当今的大众传媒时代。好像我们个人的恐惧还不够强烈似的，大众媒体正在火上浇油般地加剧我们的恐惧。报纸头条、杂志文章、电视节目和网络时事都在宣扬着我们正在面临的可怕危险。以下就是出现在媒体上的一些引发恐惧的例子：

·《时代》杂志的封面故事"科伦拜恩现象"描述了儿童及家长的一种新恐惧："儿童科伦拜恩"。

·另一个《时代》杂志的封面故事"什么让你感到害怕？"报告说，5000万美国人存在使人变得衰弱的恐惧问题。

·著名时尚杂志《魅力》的封面也引用了两则醒目的、骇人的故事："我还以为得了癌症——肿块及其对肿块的说明。""警察建议你阅读的防范强奸的21条措施——求生注意事项。"

大众媒体倾向于夸大危险，制造出耸人听闻的故事。例如，恐怖袭击的确值得关注，新闻也对此进行了细致报道，但其实大部分美国人面临的更大风险来自日常生活而不是恐怖袭击，比如食物中毒或车祸。然而，市场需要骇人听闻的标题来增加报纸的销售量以及电视节目的收视率。"9·11"袭击之后，当恐惧还笼罩在城市上空，人们却接收到了让人不知所措的信息。当局告诉我们要留意可疑邮件，保持警醒，警惕不寻常的活动，提防可疑的人。但他们也希望我们恢复正常的状态。可是，正如前美国心理学会主席菲利普·津巴多所言："保持一种恒定的个人警觉状态是不可能的。你必须放弃某些东西。"既建议我们保持警醒，又建议我们正常生活就好，这样的信息更加引发了紧张感，而我们也更需要释放。"9·11"事件发生后的那段时期，我们怎么能调和这样两种相互独立又矛盾的建议呢？我们应该怎样时刻保持警惕，同时又要像没有发生过"9·11"事件，也不会发生其他后续袭击事件一样，自然、放松、正常地生活呢？

对于"9·11"事件之后的那段时期，以及对于现在，这些都是很重要的问题。报纸、电视节目、互联网新闻都在宣扬可怕的新危险，在这种背景下，我们如何继续每天的生活，如何不感到害怕？夏天带来鲨鱼袭击！冬天带来致命的暴风雪！童年带来意外、疾病、诱拐！中年带来挫折、压力、挑战！老年带来困苦、损失、残疾！我们总能听到很多恐怖新闻，比如飞机失事、火车残骸、致命车祸、儿童虐待、现在的恐怖威胁和袭击以及核武器危害。我的建议是限制你对媒体的疯狂接触，纠正媒体过分渲染新闻事件的倾向。

减轻恐惧的一种方法是评估风险，而不是试图回避风险。系安全带会降低在车祸中死亡或受重伤的风险。这种预防措施能消除乘坐汽车的一切风险吗？当然不能。这一步有必要吗？非常有必要。但讽刺的一点是，许多人把注意力放在危险上——事实上那些所谓的危险其实都是相对安全的——他们经常因为不太可能发生的事情而不安和烦恼。他们担心乘坐飞机会出意外，却在开车途中不系安全带；他们对核电站的辐射危险感到震惊，却又对来自太阳的辐射麻木忽视。我建议，过一种相对安全的生活，同时不要牺牲你的生活质量。

风险分析

每个人对舒适的感知不同，有的人在风险较小时可能会感到舒适，而有的人在风险较大时会感到舒适。所以我们每个人都要认真考虑自己可接受的风险回报比是多少。萨拉犹豫着是否还要去赴一场午餐的邀约，因为天气预报说她所在地区将有恶劣天气。最终她决定不去，因为风险（要在恶劣天气中开车）回报（重新安排会面时间很容易）比是自己不能接受的。在同一天，乔奇决定去参加哥哥的婚礼：因为回报远远超过了她要面临的风险。你愿意冒什么样的风险来过你的生活？谨慎小心，还是愿意铤而走险？这些问题没有正确或错误的答案。我们每个人都需要有自己的结论。然而，当我们更好地理解风险，风险就不会那么可怕了。这里有几点要牢记于心：

· 一件事情实际所具有的风险与我们感知到的风险可能是不一样的。例如，大多数人明明知道，统计数据显示，坐汽车比坐飞机的失事死亡概率更高，但他们还是觉得坐飞机比坐汽车风险更大些。所以，逻辑上的事实对人的情绪反应通常没什么影响，道理是道理，情绪反应是情绪反应。

· 比起他人处于控制状态（你作为乘客），当我们自己处于控制状态（你作为驾驶员）时，我们往往会感知到更少的风险。作为飞机上的乘客，我们必须信任陌生人。那些很难把控制权放手的人往往会在那种情况下经历更多的恐惧。"后座驾驶"之所以如此盛行，是因为当别人处于控制状态时——即使是他们非常了解的人——这些人无法使自己放松下来。

·新风险比旧风险更可怕。比起炭疽病，你更可能死于流感。但流感是"已知"的病，而炭疽病是"新的"（或至少是一种新的公众意识），因此炭疽病似乎显得更致命、更可怕。

·经过报纸和电台的报道，那些可怕的事件会在我们的想象中变得更加形象、生动、骇人。飞机坠毁、飓风和其他引人注目的灾害会带给人们剧烈的痛苦。但媒体对此类新闻的过度曝光使我们觉得这些灾害发生的频率比实际上要高很多。在这个世界上没有绝对的安全，即使待在家里不出门也可能会遇到危险，因为家里也会有很多致命事故发生。因此，把实际的风险跟你感知到的风险区分开，这一点是非常重要的。不要仅仅被你的内在感觉引导，还要注意去利用你头脑中的理性知识。

困难中的快乐

如果你倾向于把"困难"习惯性地等同于"艰苦""苛求""繁重""累人""麻烦""乏味""不可能""难以控制""无法接受"的话，那么每当你想到要做一件困难的事，你就会更加焦虑。然而困难并不总是负担，也不总是消极负面的。你也可以把它看作挑战，遇到困难就仿佛在扩展你的舒适区，或者是在邀请你掌握一门之前你从未想过会学到的技能。困难不仅仅是一种需要忍耐、遭受的东西，它也可以是骄傲、喜悦或自我实现的源泉。

当我的表妹卡罗尔去世后，她的丈夫乔治问我是否愿意在她的葬礼上发表悼词。他的请求让我感到诧异，不是因为我跟卡罗尔没有那么亲近——其实我们关系很好——而是因为我从来没有想过做这件事。我的第一反应是尽可能温和地拒绝他。发表悼词对我来说太难了，我很容易动感情，我不适合做这事。我花了几个小时来克服我的焦虑，但当我真的要去拒绝乔治时，我意识到不能说"不"，只能答应他的请求。我爱卡罗尔，被邀请在她的葬礼上讲话是我的荣幸。我必须从"我不能做这件事"转到"我应该如何完成这件事"。当我稍稍放松一点，我才意识到自己是多么想赶快着手做这件事。我含着泪水开始写悼词："他们说你可以选择你的朋友，但不能选择你的家人。可是，和卡罗尔在一起，我们既是朋友又是家人。在卡罗尔这里，我获得了亲情和友情。"在宣读完悼词后，我很高兴自己完成了这件事情。如果当初拒绝了乔治的邀请，我肯定会后悔的。在如此庄严的场合，我能为表妹发表悼词，表达对她的爱意，我为自己感到骄傲。

外面是一片丛林

这是我的"困难中的快乐"哲学的另一个例子。1996 年，我的儿子格伦正在环球旅行，他问我，如果他在乌干达接受一份新工作，那么我是否愿意去拜访他。"小子，你这次真是考验我的勇气了。"乌干达之旅对我实在太困难了，这个地方离我太远了，这让我害怕。我的丈夫刚换了一份新工作，所以我只能自己去。但我答应过格伦，无论他在哪里，我都会去拜访他，我为自己信守诺言而感到自豪。所以我也不得不践行"困难中的快乐"了。

虽然我在登上去往乌干达的飞机的时候心跳得很厉害，但内心的兴奋其实要远大于害怕，我竟然真的开启了这趟旅行。这是多么不可思议的事情——我这个不那么勇敢的人竟然可以自己一个人坐飞机到一个从未想过要去拜访的国家。但那仅仅是个开始，在那之后我发现我的世界不断拓宽，也越发刺激有趣。

几天后，格伦和我离开了乌干达首都坎帕拉，一个相对舒适的地方。为了寻找山地大猩猩，我们去往布温迪的大森林。这些动物几乎绝迹了，现存的基本都生活在受保护的雨林中。只有少数有冒险精神的人才被允许与向导一起去登山，去拜访山里的大猩猩。山脉在我们面前绵延数公里。山路崎岖，地势陡峭，夜晚又一片漆黑，所以当武装警卫拦住我们的车辆时，我简直吓傻了。我的心怦怦直跳，我不禁想到了头条新闻："来自纽约长岛的女人及其儿子在东非偏远山区被枪杀。"我不禁怀疑自己。我到底在这里干什么？我在开什么玩笑？这是个可怕的错误——我想回家！

"祝你们旅途愉快。"士兵们笑着对我们说。

"妈妈，那些人是好人。"格伦注意到我惊恐的神情，对我说道。

"哦，太好了！"我们继续朝前走。

当我们继续攀登那条充满危险的山路时，我的想象力又对上述的头条新闻标题做了修改："长岛女人和儿子摔死在山路上。"

好吧，我还是害怕，我告诉自己。但是请看看我在哪里吧！

也许在真正的冒险中感到害怕总比对从未发生过的冒险感到害怕要好。

那天深夜我们到达了营地。第二天一早，我们长途跋涉，徒步穿越山脉，"沿着有大猩猩粪便的路走"，正如向导所说，我们真的找到了大猩猩。为了保护大猩猩，我们要待在离它们200米以外的地方，我们只能静静地坐着（当然，相机是开着的）观察它们。大猩猩父亲(大概有600斤)忙着休息和睡觉，它没有注意到我们——这一点实在是值得庆幸！但是大猩猩的五个孩子都对我们着了迷，就像我们对它们着迷一样。大猩猩母亲小心凝视，她提防地看着孩子们向我们伸出手。

"你很勇敢，妈妈。"格伦两天后对我说。

"那些大猩猩难道不值得你如此勇敢吗？"

值得，当然值得。

这次旅行很困难吗？我从来没说过它不困难。这次旅行开心吗？当然——正因为很困难，所以更加开心。

在困难中找到快乐的方法

你可能不认为自己是一个视困难为快乐的人，你可能常常用"我做不来"或者"做这事让我感到不舒服"这样的借口来回避困难的事情。仔细想想，我相信你肯定曾处理过棘手的问题，并且尽管当时感到恐惧不安，但是当问题成功解决后，你肯定为自己感到骄傲。下面举些例子，来帮助你回忆起一些事情。

· **迎接挑战。** 83 岁的爱丽丝曾以为她永远学不会用电脑，而现在她会定期给孙子和孙女发送电子邮件。

· **你决定这么做是因为这对你很重要。** 因为身体原因必须坐轮椅的约翰跨越了近 5000 公里去参加他哥哥的婚礼，尽管他不得不忍受许多艰难困苦。

· **你选择这样做是因为它很有趣，尽管它很难。** 丹是一个悠闲、随和的人，他参加了马拉松训练，这让他既激动又兴奋，最终丹以较好的成绩完成了马拉松。

· **你这样做只是为了看看你能不能做到。** 盖尔从来没有想到自己的想法会很有价值。但她挑战了自己，想看看她是否可以在当地报纸上发表她写的文章。当然，她做到了。

· **你采取行动是因为你厌倦了做一只把头埋在沙子里的鸵鸟。** 亚历克斯要去做一项艾滋病检查，一想到这件事，他就很害怕，但他最终下定了决心，"不能再逃避了——我不能再欺骗自己了"。

· **你经常做一些困难的事情，但你真的乐在其中吗？** 琼从不回避困难的任务，但她在完成这些任务的过程中从未感觉到快乐。她做这些困难的事情似乎都是为了赎罪。所以，琼与朋友们一起庆祝自己减重 70 斤其实是挺难得的一件事。

感激时间让许多事情变得容易

时间会提高我们处理问题的能力，这一点我们往往没有认识到。我们太害怕了，以至于不敢做某些事情，我们表现得就好像这种恐惧始终会以同样的强度存在于我们的生活中。比如，在你 9 岁那年，你特别害怕去野外宿营，所以在很多年以前的那个夏天，你花了很多时间调整自己。作为一个年轻的成年人，你可能经历过与其他你爱的人分别，比如大学毕业。现在的你有时不得不出差，出差对你来说总是小事一桩吗？可能不是吧。你是不是还对外出感到焦虑不安？或许是的。但我敢打赌，你的焦虑不像你 9 岁时那么强烈。请记住，许多困难或者容易引发焦虑的事情会随着时间的推移变得越发容易。如果你能对自己有耐心，给自己一点儿回旋的余地，你就可以成功完成你从未想过能完成的任务，并为自己的生活技能工具包增添新的内容。给时间一个机会，我们最终会迎来美好和转机。我们可以让我们的优势、才华、能力不断磨炼升级——只要我们不因为现在的困难而退缩放弃，从而失去经历一段艰难突破的时期的机会。

下面有两个例子。

一直在路上的学习

德鲁目前在医学院就读，繁重的学业对他的时间、精力和体力都有较高的要求，德鲁感到自己要被压垮了。"我究竟何时才能学到足够多的知识，从而成为一名称职的医生？"他问自己。医学专业学习需要他熟记大量的医学知识。"病人的生命掌握在我的手中。我不知道自己是否选择了错误的职业。也许我不能胜任这项工作。"我们很容易理解德鲁为什么会有这样的想法、为什么如此自我怀疑——医学院是出了名的压力大——但他需要相信，从长远来看，他终究可以掌握他需要学习的知识。读医学院需要花很长时间，这是有原因的。所有这些年的学习（包括实习）最终会让医生具备必需的知识、技能和信心。德鲁需要相信，现在看来不可能的事，在多年以后会变得再熟悉不过。

当然，没有多少人读过医学院。但我所讲述的同样适用于养育孩子这件事——一种要求很高但却相当普遍的人生经验。当你第一次成为父母时，很难想象你怎么会知道一切养孩子所必需的知识。如果你担心抚养孩子需要付出大量时间并学习大量技能，那么你会很快地陷入担心，甚至恐惧。"我怀了双胞胎。"桑德拉喜忧参半地说，"杰克和我很激动，但我必须告诉你——我现在真的害怕。我几乎无法想象如何应付一个小孩，更何况是两个呢！"桑德拉的忧虑在新手父母中很普遍。为了缓解她的忧虑，她需要认识到当她得知自己怀孕后，她不需要知道关于养育孩子的所有事情。养育孩子需要在过程中学习。随着时间的推移，桑德拉会学到她需要学的内容。她将通过实践、网络、读书和上课来培养她需要的技能。她需要给自己时间去学习做父母的诀窍。

别把事情看得太严重

时间会帮助我们适应新的现实，如行李搜查和离婚。时间也从许多方面改变了我们的观点：我们过去认为重要的问题，现在已经被视为小事一桩。多琳用一种自己称为"五年原则"的方法实现了这种转变。"我问我自己：'五年后这件事还很重要吗？'"多琳说，"如果不重要，那我还担心什么？这个方法特别有效，它使很多问题烟消云散。"

然而，即使是比较重要的大事，时间也能帮助我们调整适应。吉娜甚至习惯了化疗。在第一次治疗之前，她一直很畏惧。现在已经是第五次治疗了，她的恐惧程度大大降低了。其实，化疗于她而言更多的是有些让人烦恼、讨厌的事，而不再是让人恐惧的事，因为她现在清楚在治疗期间以及治疗后她该期待什么。

随着时间的推移，许多人都会变得成熟。年龄、经验、信任，所有这些都促成了这种转变。我们领悟到，很多我们原以为非常重要的事情其实并没有那么惊天动地，我们所害怕的很多事情其实并未发生。

随着时间的流逝，他们都有了变化：

·亚历克斯曾经是个很害羞的人，现在他在一群人面前讲话不再那么不自然了。

·杰瑞属于大男子主义型恐惧，但岁月已磨平他性情中的棱角。他在孩子眼中曾是个粗暴的父亲。所以当他在孙子和孙女面前变成一个温柔体贴的祖父时，他那群已经成年的儿女感到非常震惊（又有些嫉妒）。

·顺从的贝弗利变得更加自信、成熟、坚定、坦率。

·控制型的菲尔不再像以前那样一定要强迫性地修正别人的问

题，因为他意识到自己控制过度，以至于疏远了他所爱的人。

·草率冲动的巴巴拉越来越相信危险并不是潜伏在每一个角落。她一旦认识到其他人（尤其是她的孩子）其实可以照顾好自己，她就可以放松下来。

那么你呢？你能说出自己生活中那些随着时间推移慢慢变得容易的事情吗？如果能，那么在你感到入睡困难的时候，让这段记忆帮助你平静下来。当你在一天当中感觉心里不舒服时，让这段记忆带给你安慰。时刻提醒自己，你所担心的很多事情最终都会慢慢好起来，你感觉负担累累的任务也会随着时间推移变得越来越容易。

发展韧性和毅力

你可能认为自己不够坚强、不够坚定、缺乏韧性，是个容易恐惧、过于敏感、胆怯、脆弱、僵化、紧张、不灵活、适应力差、对未来忧虑重重，并一定要以某种方式做事的人。这听起来像是很惹人厌烦的性格属性，但请面对这些事实吧，易恐惧的人不会把生活看作容易的事。当然，我们开始生活的方式不需要成为我们继续生活的方式。人确实可以改变，随着时间的推移变得更加有韧性、更加坚强。

西奥多·罗斯福小时候体弱多病、心灵脆弱，但长大后却能拥有强大的精神及身体。这样的人往往会关注他们能做什么，而不是他们不能做什么。所以不要再继续盯着你的弱点，想到自己还有闪光点难道不是一件好事吗？一直以来，你能够忍受生活中的起起伏伏，这使你比以前更加有韧性了吧？即使你不容易适应生活中的变化，你也成功度过了很多艰难的日子，这难道不值得称赞吗？也许你认识到自己可以成为一个更好的人。不要再把自己看作胆小软弱的人，总有些时候你表现得非常坚强和坚定。嘿，你做到了！为什么不承认呢？

大多数人比他们自己认为的更坚强，你可以并且会度过艰难的时期。不仅如此，你还会变得更加强大和富有智慧。

图形与背景

安就是一个很好的例子，时间让她从一个自我感觉软弱无能的人变为一个自信坚定的人。"我总是能意识到自己的局限性，但意识不到自己的可能性。"安坦白说，"从小我就觉得自己与其他孩子不同，因为我的父母是大屠杀幸存者。我父母不肯谈他们经历了什么，但我知道他们的经历非常可怕。他们是家族中唯一幸存下来的人。如果我经历过大屠杀，那么我怀疑自己是否能坚强地活下来。"

自从移民到现在这个国家，安的父亲成了一个勤奋、成功的商人。然而，正如安所解释的那样："在我们家里总有一种忧郁、沉重的氛围。我的父母白手起家，现在非常富有。但这并没有给我们家带来欢乐。"父母的创伤经历在很长一段时间内都影响着我们。"我长大后一直觉得自己很软弱，并且我为此感到惭愧和羞耻。"她说，"我的父母必须足够坚强才能在大屠杀中幸存下来。如果我不能应付自己的问题，那么他们会怎么看我？而我的问题相比他们在大屠杀中所经历的，是如此微不足道。长大后，我有一些无法处理的感觉，比如我从来不觉得自己足够好，从来不觉得自己足够聪明，我的所有事都无足轻重。我的妈妈从来不笑，所以我又怎么能因为考试考得差就抱怨呢？我的父亲常年沉浸在大屠杀的痛苦中，所以我又怎么能说自己正因为某些事感到沮丧呢？虽然他们的人幸存下来了，但他们的灵魂没有幸存下来。"当安加入一个大屠杀幸存者子女的支持小组时，她发现自己并不是唯一一个经历了上述种种不安的人。她是独生女，以前她从未有机会与其他人分享这种特别的家庭背景带给她的感受。这个支持小组帮助她认识到她的家庭的历史是如何影响她对世界和自己的看法的。最有意义的一个见解是：她让自己的世界变得两极分化，在家里感到软弱、无力、无能，但一离开家就感到坚强、有力、能干。

在大学时，她上了心理学导论课程。令她特别感兴趣的一个内容是知觉实验，这个实验用很多组图形说明了图形和背景的概念。她惊喜地发现：一幅图画，可以从两种角度去审视，从不同角度你会看到不同的内容——既可以是老妇人，也可以是时髦的年轻女子。一开始，你也许只能辨识出两种图案中的一种，但是一旦你找到了这两种图案，你就可以在这两者之间来回切换。安顿悟了，原来看待事物还可以有这种来回切换的视角。她认识到自己也可以在软弱、无助的女孩和坚强、坚定的女人之间切换。有了这番顿悟之后，安意识到尽管有时候她可能表现出软弱、无助的女孩部分，但是坚强、坚定的女人部分始终都在背景中，随时可以出现。为了让她坚强、坚定的自我部分更加凸显，她努力培养积极肯定自己的、让自己心安的思维方式（比如告诉自己："是的，我能做到。"），而不是失败主义的思想（比如告诉自己："这对我来说太难了。"）。她还提醒自己即使真搞砸了，世界末日也不会到来。她不会垮掉，不会被摧毁，不会精神崩溃。

从外向内看

我想让你考虑另一个问题。你可能会认为自己不是很坚强或很有韧性，部分是因为你把自己与他人进行了比较。当你这样做时，你只是从外部视角在审视问题，却没有从内部视角审视问题。你不知道那些看起来有信心、有能力的人经历过什么样的困难挣扎。你可能会觉得自己面临的问题非常特殊，你是唯一一个与之艰苦斗争的人，当然这种情况基本不存在。这种感觉往往意味着你有一种信念，即别人不会有麻烦；他们不会与选择或决定做斗争；他们是幸运的，因为他们一切顺利；他们生活中没有危险、失误或者压力。就像一场完美的婚礼，那些人的生活看起来如此美好、如此无瑕。嗯，也许这个世界上的确有少数人可以如此惬意舒适，但我们大多数人还只是处于中间的某个水平上。我们的生活总体上是好的，但也充满挑战、困难和日常问题。即使那些看起来生活顺风顺水的人也可能有着我们难以想象的艰难困苦。在看似完美的婚礼的前一周，你没有机会见到新娘因为裙子不合身而着急落泪，你也没有机会看到她的父母因为婚礼准备的一些细节而冲着对方大喊大叫。

我特别喜欢读传记——尤其是记录人们早年生活的传记——原因之一是可以从中学习如何克服自己的个人障碍。虽然传记中的人物与我们不是身处同一时代，不属同一社会阶层，但传记故事却揭示了一点，那就是即使名人也需要突破巨大的怀疑和恐惧才能实现最终的伟大。所以，你也可以，你可以战胜困难，你可以在失误和悲伤之后重整旗鼓，你可以从往日的懊悔、怨恨、委屈、僵化中挣脱出来，重新恢复内在的自信。相信你自己，你会惊喜地发现，原来自己是如此有韧性！

关注你的感觉

有些人生活在头脑中，他们认为这个世界上没有什么比头脑中的思想更重要。头脑中的思想很重要，但在遇到弯路或者颠簸时——或者压根儿没有任何问题的时候，它也可能会失去控制，会造成灾难、危机和紧急情况。改变过度重视头脑的方法就是关注你的感觉。伸展身体，深呼吸，放下那些你必须做的家务或你必须解决的问题，然后做下面的练习：

1. 把一个苹果从冰箱里拿出来。

2. 把它放在桌子上。

3. 坐下，调整到让自己舒服的状态。

4. 现在看着面前的苹果，就好像第一次见到苹果一样——不要想自己曾见过很多苹果——然后盯着它看，把它当成一个奇怪的、来自其他世界的外来物体。

5. 小心留意你看到了什么。

6. 抚摸它，注意它的纹理，感受它在你手里的感觉，不管是光滑的还是粗糙的。

7. 描述自己的感觉。

8. 现在闭上你的眼睛咬苹果。

9. 仔细留意留在你唇齿间的味道。

10. 当听到嚼苹果的声音时，描述下你的感觉。你注意到了什么？

对有些人来说，这似乎是一种愚蠢的练习，一件没有意义的事情，他们甚至认为这种做法很荒诞。但如果你按上述去做——不只是读上面的条目，而且是真的用心去做——那么你就能了解放下头脑中的理智，关注当下感受是怎样的一种体验。这是一种切断头脑发出的声音的方式，那种声音会加剧我们内心的恐惧；这是一种更简单更纯粹的方式，让我们更好地体验这个世界！

我相信你听过这种说法，小孩子和狗真的会感觉到你是否喜欢他们。他们往往比成年人更能聚焦在目标上。那么你觉得他们是怎样做到识别人们对他们的喜爱等情感的？这不是靠智力思维，而是通过觉察感官告诉他们的信息来实现的。小孩子天生就对世界有非常清晰的感知，这种清晰的感知是大一点的孩子以及成年人无法理解和捕捉的，因为他们的心里充满了假设、分析的过程，这反倒让事情变得更加复杂。

拥有一种超乎想象的体验

要想获得知识，必须学习，但要获得智慧，必须学会观察。

——玛丽莲·沃斯·莎凡特

如果你能走出自己去观察你的恐惧，那么你就已经迈出了一大步。凯莉在驾驭恐惧方面取得了很好的进展，她对我说："我现在可以与我的恐惧共处，这是一种超乎想象的体验。这很难描述，但我会试试看。以前我任由恐惧摆布，它们朝我涌来，征服我，打败我。但现在，当恐惧来临时，我不仅会去感受它们，还会去观察它们，我给它们贴上标签，我用语言描述它们，我还评价它们。我是我的恐惧的见证人。我能看到它们是怎样影响到我的。虽然我并不能每时每刻都做一个快乐的人，但我也不是一个总被打败的受害者，这让我感觉很好。"她接着说："我也能连接到自己更强大、更坚定的部分，它存在于背景中，会随时出现。这一部分对我有着支持和安慰的作用。它就像养育我的父母一样，会告诉我一切都会好起来。我现在知道了，自己不必完全听从恐惧或被它们征服。我承认它们的存在，然后我会集中注意力去做超越恐惧的事情。"

或者，像艾薇说的那样："我把我的恐惧称为'买家的懊悔'。每次购买完某样东西——可以是任何东西，从衣服到汽车都有可能——我很快就会感到恐慌不已。也不知为什么，尽管我很喜欢这样东西，但当我买下它后，我就深信自己犯了最可怕的错误。过去我总被这种'买家的懊悔'深深折磨。但现在它对我而言已经是一种非常熟悉的存在了，即使感觉到了它，我也可以对自己开玩笑说：'哦，买家的懊悔，你又来了。'但我知道那种感觉会过去的。这让我想到了经前期综合征，这点不要告诉我丈夫哟。这种感觉是非常强烈的，我根本无法很好地控制它，但一旦我意识到发生了什么，我就可以更容易地把事情看得更清楚，我知道几天后自己就会感觉好一些。"不管恐惧带给你怎样的感受——或大脑一片空白，或如坐针毡，或大汗淋漓，或高度紧张，或担心害怕，或不知所措，或焦虑恐慌——你都可以从第三方的视角来观察这一切的发生，这样做会帮到你。我相信你其实也经历过类似的事情，你觉察到某一种情绪在某个时刻出现在你的生活中。比如你表现得很愚蠢，第三方的观察视角能让你发现这一切。你也许会觉得，"哎呀，我今晚真是够滑稽的"。这不是对行为的评判和阻挠，这只是一种觉察，觉察到自已在做什么。你意识到发生了什么，并且很清楚这不是最糟糕的。如果它快失控了，那么你这个第三方视角的部分会保护你，会告诉你："你不能再这么糊涂下去了，你现在像个白痴！"从而帮助你调整自己的反应。

对坐飞机的恐惧

亚历山德拉的恐惧类型既有依从型也有冲动型，一直以来，她坐飞机都会比较紧张。虽然害怕空中旅行，但是因为工作需要她还

103

是要偶尔坐飞机出差。她没有向别人求助，而是默默忍受着。在一次从洛杉矶飞往纽约的夜间航班中，机长的声音从扩音器里传出来："各位乘客，地面控制中心已经提醒，未来几个小时我们可能会遇到乱流。请系好安全带，以免乘务员中途叫醒你。"亚历山德拉觉得有点儿紧张。她觉察到刚才的广播信息让自己非常不安。"哦，哦，"她告诉自己，"我希望这架飞机不坠落。我希望自己能活着看到我的孩子长大。"当又要陷入无法自控的恐惧时，她深吸了一口气。"哇，女士啊，冷静下来。你不喜欢正在发生的事情。你害怕了。但机长在刚才广播中的语气让人非常舒服——对于可能要发生的乱流他一点儿也不紧张。不是吗？他可是头儿啊。"亚历山德拉总是能被那些看起来真诚又自信的权威人士安抚到，他们的权威感使她感觉更平静、更放松。

亚历山德拉记得，当她还是孩子的时候，每次感到害怕她都会去找爸爸。那时候爸爸会告诉她："不要害怕。我会在这里，我不会让我的小女儿出什么事。"听完爸爸的安慰，她很快就会感觉好很多。

这时，另一个念头突然出现在她的脑海里："我从没听说过机长或乘务员在飞机到达之前预测说有乱流。"当意识到是地面控制人员正在预测飞行状况时，她看起来就放轻松些了。她觉得自己变得更安心了，她对自己说："我一直以为乱流是一种突发状况。飞机突然撞上了扰动的气流，飞行员猝不及防，努力保持飞机稳定。但如果机长可以提前几个小时了解这些情况，也许这对他们来说就不是什么大问题了——或许这只不过是一个预警，确保我们在遇到紧急情况时不至于太惊慌。"

　　亚历山德拉的思绪根本停不下来，很快，她开始把乱流想成是一种颠簸摇摆的感觉，然后又想成是玩小孩过山车时那种兴奋好玩的感觉，这让她想到 5 岁时在游乐场玩过山车，当时玩得特别尽兴。所以当乱流发生时，亚历山德拉闭上眼睛，深深地吸了一口气，假装她是在坐儿童过山车。当她这样做时，这种极度的紧张害怕就变成了刺激和兴奋——就像一场探险。她竟然可以做出这种转变，简直疯了，但她做到了。正如罗马诗人贺拉斯所写的："记住，当人生之路变得陡峭时，要保持沉着。"

第 7 章

增强语言

棍棒和石头会打断我的骨头，但言语永远伤害不到我。

——佚名

错，错，错

你在表达时所使用的语言往往会对你的恐惧产生很大的影响——有时是积极影响，更多时候是消极影响。你所听到的别人谈起你时所使用的语言也会产生类似的影响。如果你听着美妙的话语（"你太棒了""我为你骄傲""我相信你会成功"）长大，那么你的世界是一番模样；但如果你听着奚落的话语（"你是一个失败者""你无可救药""你永远都不会有任何成就"）长大，那么你所经历的世界就大不相同。以前你可能会这样说，"我就是做不到"或"我不知道为什么会有人选择我"。但是当谈起自己时，如果你能换一种方式，经常用些鼓励性的话语（"我会尽最大的努力"或

"我要得到那份工作"），那么你的生活会与以前大不相同。语言或许不会伤害你的骨头，但是却会加重你的思想负担，粉碎你向前、向上的精神。

你使用的语言如何影响你的心态

有些话你对自己说的次数多了，你就会越来越相信它，不管它是正确的还是错误的。它会变成你的主导思想。

——罗伯特·科利尔

人们每天都在说话，却没有意识到说的这些话怎样加剧或减弱了他们的恐惧。有时候，它已经不是你主动选择的过程，而完全是出于习惯和惯性。不知不觉中，你会发现自己就是自己最大的敌人，因为你说的某些话甚至会让你内心产生恐惧。在这一章中，你将了解如何增加你说话的主动选择性，最大限度地减少没有实际意义、夸张做作的语言，更多运用让你感到安心、有力量甚至能激励到你的语言。

语言的力量是非常强大的，让语言为你的生活助力吧！

语言——说丧气话的马克

"我再也做不到了！"马克沮丧地喊道。两年前他曾在一家地毯店当经理，大部分时间他都盼望着自己能有一份更好的工作。"我不喜欢这份工作，但我不知道还能做什么。"他抱怨道，"这让我很紧张，想想我在这份工作中是多么沮丧，而我却又害怕辞掉这份工作。"不久之后，马克打听到了一个计算机软件公司的管理职位，他很高兴。"那不是很好吗？我能有一份真正热爱的工作啦！"他笑着对自己说。三个星期后，马克又开始了"我不能／我不知道"的调调儿。"怎么了？"我问。他耸了耸肩："我去面试了，但我太紧张了，我根本不能充分展示自己。当他们问我第一个问题时，我就开始紧张了。面试进行得一点儿都不顺利。如果我是面试官的话，我也不会录用像我这样的人。"

可怜的马克又一次用负面的语言打击了自己。他对语言的选择（尤其是他经常说"我不能"和"我不知道"）其实是为自己制造了自我实现的预言。他的话使自己感到无助、愚蠢和沮丧，基本听不出一点儿乐观的劲头或者光明的希望。以前说过的话已经过去了，你也不能撤销，但是你可以确保自己今天所说的话对自己以及对别人能起到鼓舞、激励的正面作用。积极但现实的陈述会帮助你保持士气，滋养心灵，并减少内心的恐惧。很多时候，其他人——甚至善意的人——会给你一些负面评价（贴标签、批评或嘲笑）或保持沉默，而不是对你说些有鼓舞性或者支持性的话。

你无法控制别人对你怎样说话，然而，你可以控制你对自己怎样说话。想一下，如果你从不放过任何一次机会告诉自己（在适当的时候）："我做得真不错。"你会感觉多么棒。当你做得不够好的时候，想一下，如果你告诉自己："我佩服自己勇于尝试的勇气，佩服自己从当下经验中不断成长的勇气。"你会感觉多么棒！

毫不夸张地说，改变你的语言，你就可以改变你的生活。有时，你说出的某些话可能会让你陷入一种负性循环的过程当中，这根本不会缓解你的恐惧，反而会加剧恐惧。如果你害怕，那么你的声音可能听上去就比较犹豫、胆怯或微弱，这样一来反而会最大限度地增加你的恐惧，减少你的信心。下面是这个负性循环过程发生的几种路径。

使用"触发语"，放大了你的恐惧

触发语是立即激起你恐惧的话。说完这些话，你很快就会感到肌肉收紧，心跳加速。当你期待最坏的结果时，嘴巴都变得干涩了。这些话会削弱你的信心，强化你的疑虑。以下是一些触发语的清单，在空白处你还可以写下你自己的恐惧触发语。

"我处理不了这个问题。"

"我对此事一无所知。"

"我真蠢。"

"我真是个白痴。"

"我永远也应付不了这件事。"

"我好笨。"

"我的想法是不成熟的。"

"这对我来说太难了。"

"我真够傻的。"

"我总是搞砸事情。"

"无论我做什么都是错误的。"

你能想到自己使用的其他触发语吗？

1.＿＿＿＿＿＿＿＿＿＿＿＿＿＿＿＿＿＿＿＿＿＿＿＿

2.＿＿＿＿＿＿＿＿＿＿＿＿＿＿＿＿＿＿＿＿＿＿＿＿

3.＿＿＿＿＿＿＿＿＿＿＿＿＿＿＿＿＿＿＿＿＿＿＿＿

把问题看得比命还重要

下面是一些夸张性的语言，它把不寻常的（甚至是常见的）情况变成了非常严重的问题。一些例子包括：

"这是最糟糕的事情！"

"这是一场灾难！"

"这是毁灭性的！"

"哦，老天！哦，老天！太可怕了！"

"这超出了我的想象！"

"事情将永远不一样！"

"太可怕了，简直令人难以置信！"

这样的触发语不仅会夸大问题，还会削弱问题解决者的力量。

还有其他你经常使用的将问题变严重的触发语吗？

1.＿＿＿＿＿＿＿＿＿＿＿＿＿＿＿＿＿＿＿＿＿＿＿

2.＿＿＿＿＿＿＿＿＿＿＿＿＿＿＿＿＿＿＿＿＿＿＿

3.＿＿＿＿＿＿＿＿＿＿＿＿＿＿＿＿＿＿＿＿＿＿＿

过度反应

同样，你对情境的过度反应也会加剧你的恐惧，同时还会削弱你的应对能力。例如：

"我永远不会恢复过来！"

"我永远不会渡过这个难关！"

"我彻底被打败了！"

"我再也不会相信任何人了！"

"继续下去有什么意义？"

"我很震惊！"

"我吓坏了！"

"我好害怕！"

"我快要吓死了！"

在你需要面对的情境中，你会使用的其他属于过度反应的语句有哪些？

1._____

2._____

3._____

把恐惧式陈述转变为冷静式陈述

反之，你也可以创造一种积极的循环模式：你的想法、语言和行动会相互强化，从而减弱恐惧对你的影响。我坚信使用乐观积极的语言是开始这种改变过程最简单的方式。你可以只是简单地"试一下"，就像尝试一种你不确定自己是否喜欢的新事物一样，看看感觉如何。这样做是没有坏处的，你可以尝试一种新的说话方式，然后看看会发生什么。你使用的语言会影响到你如何看待自己以及别人如何看待你。既然语言有如此大的影响力，那么我希望你能试试以下练习，我的许多来访者都在这个练习中获益良多。

所有恐惧式语句其实都可以反过来说。这样一来，你就可以从中发现自己的力量，换一种看问题的视角，并调整你对某个情境的过度反应。这里有三组恐惧式陈述和冷静式陈述的例子，恐惧式陈述会引发我们的恐惧，而冷静式陈述则会减少我们的恐惧。

恐惧式陈述："我不能处理这个问题。"

冷静式陈述："我可以处理这个问题。"

恐惧式陈述："这是最糟糕的事情。"

冷静式陈述："这不是最糟糕的事情。"

恐惧式陈述："我永远无法从中恢复过来。"

冷静式陈述："我将从中恢复过来。"

然而，当你"尝试"把原来的话反过来说时，你会想："不可能，这不是真的。"在这些情况下，你不用把原来的话完全反过来说，你可以适当做出调整。这里有几个实例：

恐惧式陈述："我不能处理这个问题。"

冷静式陈述："这对我来说很难处理，但是我认识能帮助我的人（这个人可能是你的配偶、你的一个朋友、心理学工作者或其他专业顾问）。"

恐惧式陈述："这是最糟糕的事情。"

冷静式陈述："这是一件非常糟糕的事情，但我不会让它毁了我。"

恐惧式陈述："我永远无法从中恢复过来。"

冷静式陈述："我的确需要花段时间才能恢复过来，但是我希望最终能把它抛之脑后。"

注意，恐惧式陈述往往短小而概括。冷静式陈述则相对更长些，并且通常有两种形式，一种是在恐惧式陈述基础上修改后的版本；另一种则是提升个人自信、安全感、心理韧性并且更加充满希望的个人陈述。为什么我们要用那些可怕的话语呢？对于马里奥来说，那只是一种习惯，以前他的父亲就这样说话，他现在也这样说话。温和的言语似乎有些乏味无聊，如果话语更夸张点儿，那么这似乎更能彰显它的重要性。

我建议你试着把恐惧式陈述变成冷静式陈述。在下列空白处，写一个恐惧式陈述，然后尝试着将其替换成其他更加充满希望的冷静式陈述。

恐惧式陈述：＿＿＿＿＿＿＿＿＿＿＿＿＿＿＿＿＿＿

冷静式陈述：＿＿＿＿＿＿＿＿＿＿＿＿＿＿＿＿＿＿

发出自己的声音

"看好孩子就好，不需要听孩子说。"这句老话在当今的育儿理念中已经很少见了。许多现代家庭都是以孩子为中心的。然而，一些人在成长过程中还是没有自己的声音和主见：他们听别人说，他们服从，他们默许。当被告知要跳高时，他们会问有多高。他们不问自己："我认为怎样？"而是问自己："我应该怎样认为？"没有自我对话，他们就没有思考的能力。"如果我们在一个结构化的项目中一起工作，那么我就能和别人很好地交流。"丽莎说自己是一个害羞的女人，她一直苦于自己没有话语影响力。"在社交场合，我往往变得很焦虑，我不知道该跟别人说点儿什么。我从小成长的家庭没有太多的言语交谈。在我们家，姐姐和我更多是听父母讲话。

我们不会反对他们，也不会表达我们的观点——如果我们知道自己有观点的话！如果我们那样做的话，会被认为是忘恩负义或者没有礼貌的。我当然也就很难与家人以外的任何人谈论问题或者表达我的想法。那会被认为是叛逆的、不忠于家庭的，因为家丑不可外扬。就连我跟姐姐之间都很少有太多谈话。"

这些日常的家庭关系破坏了丽莎与他人自如交流的能力。父母对她的管教尤其是惩罚方式使得问题越发严重。"虽然我很讨厌父亲打我，但妈妈对待我的方式更糟糕，她惩罚我的时候会好多天不跟我讲话。就像我不值得浪费她的时间似的。"这种父母糟糕的教养方式所带来的结果就是丽莎开始压制自己，变得沉默寡言。她从不觉得她的所想、所感以及所说的话是重要的。

然而，近年来，丽莎已经成功地做出了很大的改变。"我现在才开始意识到我应该发出自己的声音，我的想法是有价值、有意义的。我很早就开始写日记了，我认为这是一种无声的声音。在日记中，我获得了自由，可以把我所想的一切都说出来。总有一天我会鼓起勇气大声读我的日记，我会听到自己发出的声音，但我现在还没有准备好。"

和大多数改变一样，丽莎的改变是渐进的。她以前觉得（在女权运动之前，许多女性都是这样认为的）她应该依靠权威来获得"真理"，而权威始终都是男性的声音。但是，随着丽莎与更多坦率、直言不讳的女性朋友友好交往，她的观念慢慢发生了改变。尤其是一个邻居经常告诉丽莎她有多聪明——这是丽莎以前从没有真正考虑过的事情。最大的改变发生在孩子教养问题上。她与丈夫艾尔有两个儿子，一个6岁，一个8岁，他俩经常因为小事吵架。丽莎觉得这是很自然、很正常的手足之争。然而，艾尔对儿童发展、对于男孩子应该有怎样的言行有着复杂而不切实际的观点。当丽莎仔细倾听他的想法时，她意识到丈夫其实就是在夸夸其谈。他对孩子知之甚少，但这并不能阻止他用一种傲慢和自以为是的态度吹嘘自己的观点。相反，她意识到自己实在太沉默了——通过阅读、与朋友讨论、参加育儿课程，她在养育孩子方面其实有很多的知识和见解。她开始意识到自己不应该总是被动地倾听别人的意见，而是应该主动发出自己的声音，并相信她所知道的。

很多人有类似丽莎的经历，而他们却没有得到周围人的鼓励和支持，没能发出自己的声音。还有一些人可能要与更严重的创伤性经历抗争，比如性虐待。性虐待可能会导致受害者长时间保持缄默，没有勇气和力量公开抗议，也无法描述发生了什么。尤其是一些年轻人，他们无法用语言描述自己的创伤性经历。他们感到无助、无力、崩溃，觉得所发生的一切都是自己的错。这种内在的自责又让他们更加沉默。沉默也许是孩子在艰难环境中生存的最安全的方式。然而，对于成年人来讲，沉默往往是不必要的。

发出自己的声音对你来说有困难吗？如果有困难，那么我希望你能找一个安全的时机，在一个安全的地方，将曾经发生在你身上的事情讲出来。我希望你能被倾听并感受到被认可和被理解。通过讲述你的故事，你能尊重自己所经历的一切。拒绝谈论曾经的困难经历或创伤经历——你也因此继续保持着沉默——会造成更多更复杂的问题。如果无法表达曾经发生在你身上的事情，那么你在跟他人相处时会有种疏远的感觉，并感到自己不合群，因为他们不理解你曾经经历过什么。更糟糕的一点是，你可能也没有完全理解自己曾经经历过什么。"当我还是个小男孩的时候，"杰罗姆说，"有个叔叔曾一次次地骚扰我。因为发生了这种事，我感到非常羞愧，我从未向任何人提起过。但近些年，公众对性侵问题的了解越来越多，我终于鼓足勇气向一个兄弟吐露了这件心事。他的回应是：'我也曾经经历过。'我非常震惊！我很想知道到底有多少人曾被骚扰却从不讲出来。"杰罗姆发现，向可信的人倾诉是治疗创伤的开始。

怎样发现自己的声音

怎样才能发现自己的声音？下面是我推荐的一些方法：

·给自己一段独自思考、沉思或祈祷的时间。

·留出一个属于你自己的地方（一个房间、房间里某个地方或者其他私密的空间），在这里你可以更好地听到自己的声音。

·与一个富有同情心的人发展友谊，对方尊重你并鼓励你发声。

·问自己反思性问题（"如果中了彩票，那么我该怎么办？""我想和孩子的老师讨论点什么？""我对报纸上的头条新闻有什么看法？"），然后回答。记住，没有正确或错误的答案，只有你自己的观点。

· 积极参与到谈话中。允许自己发表见解，即便自己的见解既不专业，也不权威。

· 写日记，这样你就可以记录自己的想法，并在一段时间内重新翻阅并再次思考这些想法（及其进展）。

· 把你的故事告诉一个心理学工作者，或者其他愿意倾听并理解你的人。

· 从你的故事中汲取新的意义。对过往经历的理解和解释，其实为你提供了很好的机会，可以让你更好地获得对生活的新见解、对自己的新认识。

· 让自己去感受任何你感觉到的情绪。你不需要理解或者评价情绪，让这些情绪在那里就好。你的故事和你的指纹一样独特。它是珍贵的——即使是让你感到痛苦的情绪也是珍贵的——因为它使你成为你自己。

用自己的话把曾经经历的故事讲出来，这是非常必要的。不要把这个故事封锁起来，假装没有发生过；也不要把这个故事的影响最小化，试着说服自己这其实没那么糟糕；更不要夸大你的故事，搞得自己好像是常年的受害者。这只是简单描述发生了什么——它的意义、它带来的后果以及它在今天还如何影响着你。这样的过程会带来令你意想不到的疗愈效果。有时你很难描述一次经历，因为你找不到合适的词语来解释你曾经经历了什么。但请记住，找不到合适的词语来描述当时的经历并不意味着这个问题就是你的过错。

有时候，你就是不知道该怎么解释而已。有时，一些特有的专业术语的确还不存在，但是随着社会逐渐正视并开始解决某些给人们带来巨大情感伤害的问题，一些有助于描述和解释问题特征的专有术语就出现了。以下是一些例子：

- 年龄歧视

- 躁郁症

- 边缘性人格

- 大屠杀幸存者的子女

- 约会强奸

- 家庭暴力

- 家庭功能失调

- 情感虐待

- 家庭系统

- 心境障碍

- 父母忽视

- 被动攻击行为

- 种族主义

- 易激惹者

- 性别歧视

在这些术语出现之前，许多受过伤害的人不知道如何描述他们的经历。尽管对所发生的事情有第一手的了解，但他们需要恰当的语言来帮助自己理解曾经的苦难遭遇。这些术语会帮助我们清楚地理解"发生了什么"，而不再停留在模糊、不确定的状态里。很多报告都指出，人们对曾经的不幸遭遇特别是在儿童时期发生的遭遇感到困扰——常常会怀疑这段遭遇是否真的发生过——直到他们可以公开谈论这些遭遇。

恐惧和沉默

另一种可能使我们沉默的方式是被动或不懂拒绝。下面是一个我个人的例子。在 20 世纪 60 年代早期，我向很多学校递交了攻读研究生的申请，但多数都拒绝了我，理由是各个学校都有名额限制，并且很少接受女性申请者。在面试中，被问到是否打算结婚生子，我很诚实地回答，有这个打算。结果肯定就是被拒绝了。我当时对这些性别歧视政策感到愤怒吗？绝对没有。我当时还没有聪慧到会对此类事情感到愤怒。相反，我接受了这一切，我甚至也觉得读研究生似乎是男性做的事情，我不应该再有这个念想了。我应该找个男人娶我养我。那些紧闭的学校大门让我害怕了吗？那是肯定的。我感到担心，除了做妻子和母亲以外，我在社会上似乎没有任何价值；我感到沮丧，我无法实现自己的目标了；我感到焦虑，因为我不够好。在那些日子里，我并没有为争取自己的权利而奋斗（即使今天，我也没有），但是，我没有轻易放弃，并最终被天普大学录取，这所学校不仅接收了我，还提供了丰厚的奖学金。

增强恐惧的自我对话

虽然你和别人说话的方式很重要，但更重要的是你对自己说话的方式。你会认为如果你有机会进行一次内部对话，那么你会说最好听的话，也就是能让自己感觉满意、安全和愉悦的话。毕竟，没有人在一旁对你指手画脚，也没有人责备你做错了什么。你可以说任何你想听的。

然而，我们中的许多人有着没完没了的内在对话——也就是自言自语——除了使自己痛苦之外，它似乎没有任何意义。痛苦常常会与恐惧交织在一起。以下就是一些消极的或者是引发恐惧的自我对话。

告诉自己情况很糟糕

许多人只记得事情的消极面，而全然排斥事情的其他面。但是当你只关注消极面时，很容易把问题夸大。你心中充满了沮丧的想法，这会使很多生命体验（甚至是好的体验）变得令人沮丧。以一个下了几天雨或者航班延误的假期为例。你有没有把这种挫折描述得过度糟糕，比如说"这天气毁了我的假期"或者"耽误的时间太长了，根本划不来"。

卡尔在上一次的工作评估中得到了"糟糕的评价"（用他自己的话说）。他感到很痛苦。"我进入了恐惧模式，"他说，"我毫不留情地批判了自己。我觉得我的一切都有问题。这个工作其实并不是很困难，可我甚至连这个都做不好！我永远也做不成事情。"他接着又把自己的处境描述得十分糟糕。

121

"我快40岁了。看看我的同龄人，他们拥有的比我多太多，一想到这，焦虑的情绪就会涌上来。我的自信就不见了踪影，我感到不安、沮丧、痛苦，我确信我的生活永远也不会有转机了。"但是当卡尔把这份工作评估给妻子看的时候，她却不觉得很糟糕。她指出，主管强调了卡尔的长处以及需要改进的地方。当卡尔重新再读这份评估报告时，他也觉得事情并没有像他最初读这份报告时那般糟糕。他认识到大部分的问题都是他很容易改进的，比如迟交报告，缺勤次数过多。渐渐地，卡尔开始意识到事情其实没那么糟糕。"我知道自己倾向于认为一切都是可怕的、糟糕的，"他说，"但是，这往往只是一件不那么如意的事情或只是暂时的挫折而已。"

谈论即将来临的厄运

薇薇安属于冲动和控制的恐惧类型，她出生在一个父母均是酒精依赖者的家庭。小时候，她从不知道接下来会发生什么事，这一刻家里很平静，下一刻可能天都要塌下来。现在，她在每个地方都能发现危险的存在，并担心着身边的一切。"我尤其担心我的孩子们，我的主要责任是确保他们的安全。我恨不得把他们拴在我身上，这样孩子们就会一直在我的视线范围内。他们很小的时候，我还可以小心照料着他们，但现在他们长大一些了，照顾他们就不像从前那么容易了。一方面我要放手让他们成长，这也是他们需要的；另一方面，我又拼命地想确保他们的安全，这让我左右为难。"

薇薇安感到非常害怕，以至于有时候她会变得很失控。每当孩子想做一些她认为很危险的事，比如离开城郊到城里去，甚至是去十几分钟车程远的朋友家玩时，薇薇安就会抓狂。"我心里设定了一个安全半径——我居住的城镇和周边3个城镇都在这个范围内，这个半径之外的地方都算是不安全的异乡。如果我压根儿没听过这个地方，那么我就会觉得很危险、不安全，任何事情都可能在那里发生。"

现在薇薇安面临的最棘手的情况是，她17岁的儿子莱恩想去他申请的那所学校就读。一个朋友的哥哥也去了那所学校，这样莱恩就可以跟那哥儿俩一起在宿舍过周末。这听起来没什么。但薇薇安却对儿子的这个安排深感恐惧。"我马上想到这种安排有什么潜在的风险。朋友的哥哥是谁？除此之外还有谁可能在那里？我怎么知道他们是否会小心开车？他们会不会带着我儿子喝酒？他们会不会撇下他或弄丢他？"薇薇安的这些自言自语很快让她感到无比慌张。但她的儿子倒是能把事情看得更明白些。"我的儿子恰好相反——他很悠闲、很自在。他总是提醒我放松些，没什么可担心的。我很希望儿子的随性能感染到我！"

减弱内在批评家的影响

如果你内心住着一个苛刻的批评家的话，那么你可能会因为与你几乎没什么关系的事情而责备自己，比如因为孩子对老师不尊重就认为自己是个糟糕的家长。你可能会沉迷于你做错了什么而忽视你做得正确的事情。即使事情恰好是你的失误造成的，你仍然会很夸张地说："我犯了这么愚蠢的错误。"而不会仅仅接受"事情进展不顺利"。我们每个人的内心都有一个批评家，这不一定是个问题。但如果你内心的批评家向敌人一样扑向你，攻击你，折磨你，这就是个问题了。冲动型恐惧的戴安娜，就是一个很好的例子。"如果我做了一些不正确的事情，我不只是简单地说我犯了一个错误，我还会告诉自己我是个白痴。我知道自己不该这样做，但我就是这样做了。我没办法，这就像自己诋毁自己。"

尽量减少这种自我批评是很重要的，给自己一个像其他人一样犯错的机会。弱化对自己的批评吧，这样不仅会给你一些空间和余地，还会减轻你的恐惧。别夸大危险或问题。不要让你的生活更复杂或更紧张。与别人谈及自己时多说点儿积极的话，对自己也尽量用充满正能量的语言。如果你想减弱内在批评家带来的影响，这里还有一些方法。

接受你的弱点。 每个人都有弱点，有些人会自我吹嘘，有些人会试图隐瞒，随他们去吧。但我要你做的就是承认你不仅有弱点，还有缺点、不足和短板。然后问问自己：那又怎样？它没有使你变成坏人，也没有使你变成白痴。如果你被这些弱点深深困扰，那么你可以选择努力改正它或改善它。即使你是左利手，你也可以学会做饭、跳舞、写字、画画，甚至驾驶飞机。你可能永远达不到专业的水平，甚至都达不到中等水平，但是你可以增加你的技能种类啊。

不要苛责你的缺点。 如果你讨厌犯错误，也许你所使用的语言会帮助你更加从容地应对。如果能多一些坦诚，那么事情会不会变得更容易些？承认你的确算错了那些数字、曲解了别人的意图、遗漏了某些步骤、忽略了一些细节、低估了某人的耐受力、高估了某人的善良或者承认你的确把事情搞砸了。改变你所使用的语言就能让事情变得容易，这是欺骗自己吗？这仅仅是语义上的不同吗？或者，就像我相信的那样，改变所使用的语言其实会让你对自己的错误有更准确、更友善的解释？

减少自我批评。你是否曾控制高热量食物的摄入，以达到节制饮食的目的？现在是时候采取类似方法了，不过这次的目标是减少自我批评。使用下面的处方：每天摄入不超过一次或两次批评。如果超过这个数量，就是过量。如果过量了，那么就试着减少自我批评的频次和剂量。放轻松些，给自己一个机会，养成说积极话语的习惯。

自我批评以外的其他选择

不要说："我做错了。"而应该说："也许还有提升的空间，但在目前情况下已经算是表现不错了。"

不要说："我的报告很失败。"而应该说："就像很多事情一样，我的报告有成功的地方，也有不足的地方。"

不要说："为什么我会做出愚蠢的评论？"而应该说："我本来可以用更好的措辞，还好没有带来什么伤害。"

不要说："我完全搞砸了。"而应该说："我犯了一些错误，但现在我已经学会如何做得更好。"

不要说："他对我不满意。"而应该说："我不能让每个人都满意，但是我对自己刚才的表现是满意的。"

你不需要做自己最严厉的批评者。相信我，总有人愿意为你做那份工作的。对自己多些宽容吧——至少要温和友善、有耐心、有同理心，就像对待一个好朋友那样。

更多的语言策略

你现在已经更清楚地知道，你所选择的语言是怎样减轻你的恐惧的。下面是一些行之有效的策略。

避免"应该"和"必须"

就像食物的香味能引起人们吃的欲望一样，一个简单的词或者一句话有时也会引发恐惧的反应。这是我要表达的意思。

请完成这句话：我应该＿＿＿＿＿＿＿＿＿＿＿＿＿＿＿＿＿＿

假设你写道："我应该把房间打扫得更加干净。"

现在让我们看看一个词的变化会带来怎样的不同。同一句话，我们把"应该"改成"可以"，这样句子就变成"我可以把房间打扫得更加干净"。这一简单改变带来的效果如何？结果几乎总是更轻的苛责、更少的恐惧，以及更多的平静和选择。

"应该"这个词含有一些专横的味道，它暗示你做得不够，你还没达到标准。你怎么回事？你没有遵从指令！你没有做到你理应做到的事情！"应该"这个词会给人带来压力，增加紧张，制造负担。为什么？因为"应该"是权威主义者的用词，常用在父母、老师或社会告诉你要做什么的语境中。你发现自己处在孩子的角色和位置上。你有没有做你应该做到的事情？你有没有遵守指令？如果没有，那你就没有履行好自己的责任和义务。

相反，"可以"这个词权威感的味道会少些，也不容易引发恐惧。当你说"我可以"的时候，你把自己放在成人的角色和位置上。你可以做选择，可以做 A、B、C，甚至 D；或者稍后再做 A；或者只做一部分 A；也或者只说但不做 A。当你试着使用"我可以"而不是"我应该"的时候，所有这些选项都会变成可能。你准备好放弃"我应该"这样的句式了吗？希望如此。像"我应该"这样苛刻的话往往会让你更难克服恐惧。接下来你将有机会把"我应该"变成"我可以"。

"应该"类信息	"可以"类信息
1. _____	1. _____
2. _____	2. _____
3. _____	3. _____
4. _____	4. _____

你从这个练习中发现了什么？

类似的模式同样适用于"必须"的句子。"必须"式的句子往往会给人施加压力，留给你很少的选择甚至让你完全没有选择余地。

写一个以"我必须"开头的句子：我必须_____

现在写同一句话，但请把"我必须"变为"我想要"。假设你写的是："我必须多花点儿时间陪我的孩子。""我必须"往往会让你没有选择的空间，还会增加你的压力、限制你的创造性思维。但当你将"必须"改为"想要"时，你可以听到更真实的信息："我想多花点儿时间和我的孩子在一起。"这样的措辞能让你做出更好的决定。

从"必须要做"转变为"想要做"的另一个好处是你会更加清楚自己想要什么。如果你说："我必须去做那份糟糕的工作。"不如换个说法："我想要去做那份糟糕的工作。"说完这话，你头脑中可能会产生某种感悟。"不，"你告诉自己，"我不想干那份糟糕的工作。我真正想要的是找一份更好的工作。"这样，新的问题就出现了。"我可以那样做吗？什么样的工作会让我更满意？"这些问题很复杂，往往很难回答。但至少，你的问题开始推进这个过程。你现在的方向是寻找解决办法，而不仅仅是抱怨。接下来你可以试试这个方法。

我必须	我想要
1. _____	1. _____
2. _____	2. _____
3. _____	3. _____
4. _____	4. _____

保持一种视角

沉湎于消极事物只会增强消极的力量。

——雪莉·麦克雷恩

马琳习惯性地把每次让她心烦的体验都描述成灾难。"这次航行简直糟透了！"她说，"托运行李的工作人员把我的手提箱放错了地方，我担心他们永远找不到它了。空调关了好几次，我几乎不能呼吸了。天气糟透了。我觉得我要晕船晕死了。当事情终于告一段落，我简直受够了，我要尖叫起来了！"也许她有权把自己那次不太顺利的航行体验描述成自泰坦尼克号沉船事件以来最严重的海上灾难，但是她的描述却使得这次度假似乎比它实际上要更加悲惨一些。

我们经常用灾难性语言描述日常事件。的确，生活中充满了"问题"：汽车发动不起来，猫弄脏了地毯，孩子膝盖受伤了，朋友生你气了。但这些小意外，甚至更严重的危机，真的有必要用多数人都会使用的绝望悲观的调子来描述吗？

大多数人在一生中只经历过很少的灾难性事件，但灾难性的语言却比比皆是。我们常常使用强烈的、危言耸听的、令人害怕的语言，虽然我们并不是有意这么做（我们甚至没有意识到自己在做什么）。这些诸如"噢，老天啊！"之类的短语会加剧你对事件的反应程度，限制你应付正在发生的事情的能力。你选择的这类话语会让你觉得发生了很极端、很可怕、令人非常难以忍受的事情，事情已经发生，但很可能情况远没有那么糟糕。大多数问题都可以解决，大多数错误都可以改正，大多数疾病都可以治疗。被解雇可能是找到更好工作的机会，离婚可能是人生的新开始。我并不是淡化生活中一些重大事件的严重性，我只是相信，只要你不再总是把极端的、可怕的后果与日常生活事件，甚至是严重的生活事件联系起来，一切肯定都会慢慢好转的！极端的话语并不会减轻你的恐惧，相反，它们在火上浇油。

你可能已经注意到，在真正灾难性的时刻，话语似乎毫无意义。在那种时刻，我们更加珍视的其实只是充满爱的拥抱和握手。我们只想去触摸另一个人，并不想听很多话。如果目睹了一件可怕的事情，就像最早发现"9·11"事件的空中交通管制员，第一反应往往是完全的沉默，之后才会开始说话。在那个阳光明媚的早晨，其他观察员的反应也只是"噢，天啊，我的天啊！"或"不，不不！"。我们在真正的灾难性时刻说出的话是短暂而简单的。

我建议，说与事情严重程度相当的话。如果你正在经历悲惨的遭遇，你当然有表达悲伤和痛苦的权利。但如果你经历的只是普通的小意外——落下一袋食品、错过一辆巴士、把钥匙锁在车里或者电话服务中断——不要夸张，不要增加你的恐惧和沮丧。

第 8 章

改变说话模式

我们要尽量避免使用那些能强化恐惧情绪的说话模式。除此之外，我们还要多使用有助于提升自信心的说话模式。果断、乐观的说话方式可以增强你的勇气，帮助你更好地驾驭恐惧。当然，你没有必要一开始就去感受那振奋人心的话语所带来的信心和力量，有时候，说话方式的改变仅仅是这个过程的开始而已，情绪的变化稍后才能体验到。

改变你描述恐惧的方式

你用来描述恐惧的语言往往会对你如何看待自己及自己所处的环境产生强烈的影响。

下面是一个简单的例子。读下面这三句话：

"我是一个容易恐惧（焦虑、害怕）的人。"

"我总是感到害怕。"

"以后的日子我都将活在恐惧当中。"

现在比较上面三个语句和下面三个语句：

"最近我一直害怕。"

"有时我感到害怕。"

"我感到害怕。"

从某种意义上来说，所有的陈述都是一样的：你把自己描述成易害怕、易恐惧的人。然而，前三个语句显得更悲观，更有自我挫败感。这是为什么呢？

"我是一个容易恐惧的人。"这种描述会给你的个性贴上标签，就像在脖子处贴了个记号，向全世界表明你就是个容易恐惧的人。你对自己的恐惧过度敏感，这尤其体现在你的自我认知中。但是，多数人讨厌那种给自己贴标签的人，但是他们又会毫不犹豫地给自己贴上标签，自我贬低。

"我总是感到害怕。"这是一种令人沮丧的描述，并且它会成为自我实现的预言。这是一种绝对的、极端的消极思维方式。即使我认识的最容易感到恐惧的人也不是每时每刻都会觉得害怕。当你用那种方式描述自己时，你就低估了自己感觉还不错的那些时间，也忽视了生活中更平静的那些时刻。

"以后的日子我都将活在恐惧当中。"这似乎是确定的、具有决定性的描述，意味着你将永远深陷于恐惧中。这种僵化的描述切断了未来的其他所有可能性。

现在考虑后面一组语句与前面一组语句的不同。这三句没有掩饰任何事实。你承认自己感到害怕，但不夸大你的状态，也不责怪自己或以负面的方式给自己贴上标签。你也知道未来肯定有那么一段时间，你不会感到害怕。让我们依次看这些语句。

"最近我一直害怕。"这暗含着一个问题。为什么最近会感到害怕？你开始寻找，在人际关系、事业、身体、精神等方面，最近到底发生了什么而给你带来了恐惧。你相信恐惧不会一直占据你的内心。你敞开大门来改变你的情绪状态。

"有时我感到害怕。"这是一种承认情绪的陈述，情绪出现了，情绪又消失了。有时候你感到害怕，有时候并没有。你不再把恐惧当作人生中绝对、永远的状态。这种陈述方式要比其他的陈述方式都更加充满希望。

"我感到害怕。"这是最简单的一种陈述方式。你承认此时的状况，但不觉得这是你的个性特征，不觉得它会永久地困扰你。你感到害怕，或许是因为你刚从一个任务切换到另一个，或许是因为一段关系结束了，或许是因为你要搬到一个新的地方。这都是暂时的，就像"我累了"或"我饿了"一样。即使情况更严重或更麻烦，也不要认定事情比实际情况更具威胁性，从而让自己惊慌不已。

选择你要听谁的话

小时候，很多人告诉过你很多事，他们的话会对你产生深远影响。也许哥哥总是叫你笨蛋，妹妹总是喊你傻瓜，也或者母亲总是批评你，父亲总是毫不含糊地说你太敏感。这些话你听到太多次了，并且是在你年幼、易受影响的年龄听到的，所以甚至到现在你可能还会感到那些声音在你的脑海中回响。虽然那些话、那些声音似乎已经属于过去的岁月了，但是它们现在依然有足够的力量激发起你的恐惧。

如果你对消极的声音给予过度关注，那你很可能就难以听到更积极的声音。例如，有人认为你太敏感，但可能有更多的人会特别欣赏你的敏感、细腻；有人觉得你做什么都不对，但可能有更多人很钦佩你的技能和知识。

所以关键的问题是：你会听谁的话？我希望你能倾听那些能帮助你发展自信的声音，那些能让你鼓起勇气、让你无比珍视并适用于当下境况的声音。

对每一句格言，你总能找到与它含义相反的另一句格言。到底哪句才是正确的？"及时一针顶日后九针"还是"欲速则不达"？"异性相吸"还是"物以类聚"？这些说法虽然自相矛盾，但也都是很好的建议，这主要取决于当时的事件及背景。这同样适用于人们对你的不同评价和不同建议。因此，你要确保听从那些对你当时的问题真正有帮助有意义的声音。它不应该是彻底批判的声音，不应该是让你失落消沉或羞辱贬低你的声音。当然，它可能是以一种令人感到宽慰的方式给你提供建设性意见的批评，但绝不是怀有敌意的。它不会说："你把事情搞得一团糟——你讲话有吞音，还说得那么快，别人一个字都听不清。"相反，它会提示你："说话别那么着急，慢慢讲，冷静下来，别人会更容易理解你。"

伊娃是我的一个来访者，她在心理治疗的过程中取得了非凡的进步。她曾经向我倾诉，当母亲让她不要读大学时，她就意识到自己必须离开了。有时，你并不想听某个人的话，可能是出于反抗，可能是你知道他的方式并不是你想要的方式，但即便如此，这个人的话其实依然可以帮助你决定下一步怎么做。伊娃的妈妈认为女孩子不需要接受高等教育，但伊娃却不这么认为，她应该听谁的话呢？如果你必须选择听某个人的话陪你度过一生，你会选择听谁的？

练习：听取正确的话

1. 你愿意听谁的话？请写下这个人的名字。

_____

_____

2. 你想听这个人对你说什么？请写下来。

_____

_____

3. 为什么这些话对你很重要？

_____

_____

创建替换策略

你想让消极的声音消失，但这仅仅靠想象是做不到的。你越希望某物不在那里，就越加强了它的存在。试试这个例子，暂时不要去想一头白象站在屋子中央。这个尝试真的不容易，你很难做到不去想那头象。发生了什么？你越是试图不去想大象，大象的形象停留在你脑海中的时间就越长。所以你该如何摆脱那些像大象一般萦绕在你脑海的引发恐惧的声音呢？答案是用一个你喜欢的声音代替你不喜欢的声音。用平静、令人安心的声音替换你脑海中那些引发你恐惧的声音。你喜欢的这个声音可能是你认识的某个人发出来的，也可能不知是从哪儿来的。也许你曾在梦中、在歌曲中听到过这个声音。它从哪里来并不重要，重要的是你拥有它，让它成为你的声音。艾米就是这样做的。艾米患有哮喘、支气管炎和过敏症，这使得她无法参加自己喜欢的很多活动。她虽然是个好学生，但也是个有些神经质的孩子。她记得，母亲每次提到她总会说："我可怜的艾米。"母亲与朋友聊起女儿也总把她当成"病人"。每个人都非常关注艾米的呼吸问题，兄弟们甚至觉得她这都是自找的。她的哥哥贝尔会奚落她，他说："你可真懒——你什么都不用做了。"而她的弟弟杰克则为她感到难过，他说："你这样也挺好的。你是一个女孩，所以你不必担心自己聪不聪明。"

艾米现在是一个健康的年轻女子。自从她离开家后，她的病情急剧减轻。艾米回顾她的童年，说她的父母都吸烟，家里还养了两只猫，这些都可能加剧了她的呼吸问题。她身体好多了，但自我形象仍然很差。童年时代被贴上的标签仍然影响着她。她认为自己懒惰、神经质、心神不宁，是一个会利用自己的美貌又经常感觉无能的漂亮女人。

当我们建立了彼此信任的咨询关系之后，她谈到了自己害怕的很多事情——感觉自己不够好，无法胜任工作，在社交场合不知如何表现，等等。但艾米愿意坚持学她所需要的东西，这让她感觉良好，也让她与他人能更自然地交往、互动。四个月后，艾米说："我清楚地记得那天你用平静又让人安心的语气说：'你就是你，你这样就很好。'你不知道这对我来说意味着什么。那次离开之后，我坐在车里哭了，从未有人对我说过这样的话。"

从那天起，艾米从我以及其他人那里获得了很多让她感到宽慰的回馈。对她来说最重要的莫过于下面这些话：

"你既漂亮又聪明。"

"一次错误并不意味着世界末日到来了。"

"你性格很好。"

"一次批评只是一次批评而已，它是对你做的事情的评判而不是对你这个人的评判。"

现在，我希望你能找到有效的替换信息。在左栏写下你不想听到的信息，在右栏写下你想听到的信息。

再见，负面信息	你好，正面信息
1. _____	1. _____
2. _____	2. _____
3. _____	3. _____
4. _____	4. _____

深入探究你的恐惧

有时，我们很容易给一件事情快速而简单地贴上标签，却没有思考事情的真相到底是什么。例如，我们可能会把其他人描述为"歇斯底里的""沮丧的""紧张的"或"焦虑的"。这些词经常被滥用，成为过分简单化的标签，这样也省去了我们探究和理解复杂事物的过程。当给人或问题贴上标签后，我们会表现得似乎一切都不需要更深入的解释。

因此，我建议，如果你感到害怕，那么请不要只给自己的情绪贴标签。你可以通过提问并回答问题的形式帮助自己更加了解情绪体验背后的深层含义。下面是我建议你问自己的一些问题，你还可以在空白处记下你的答案。

1. 当你觉得害怕时，你感觉如何？忘记那些专业术语，用符合你感受的任何词来描述。

我感觉_____

_____

2. 这种害怕还让你有什么其他感觉？别停下来，现在还只是开始。

这种害怕也像_____

_____

3. 待在你的害怕里，看看它会让你联想到什么画面。此时的害怕会使你想起童年时经历的一些事情吗？

它让我想起了_____

_____

4. 如果你最害怕的事真的发生了，那么你觉得会发生哪些事？你会怎么处理？

我担心会发生：_____

_____

我将这样应对：_____

_____

5. 你会用哪个词或哪种声音来描述你的恐惧——不要给自己设限？

_____

_____

6. 想象一下，当你特别恐惧的时候，你希望什么样的人在你身边？他 / 她会怎样帮助你？

希望能在我身边的人：＿＿＿＿＿＿＿＿＿＿＿

＿＿＿＿＿＿＿＿＿＿＿＿＿＿＿＿＿＿＿＿＿＿

他 / 她将这样帮助我：＿＿＿＿＿＿＿＿＿＿＿

＿＿＿＿＿＿＿＿＿＿＿＿＿＿＿＿＿＿＿＿＿＿

7. 什么想法会很容易引发你的恐惧反应？

＿＿＿＿＿＿＿＿＿＿＿＿＿＿＿＿＿＿＿＿＿＿

＿＿＿＿＿＿＿＿＿＿＿＿＿＿＿＿＿＿＿＿＿＿

8. 你在身体的哪些部位感受到了恐惧？比如胃、胸、头或其他部位。

我在这些部位感受到了恐惧：＿＿＿＿＿＿＿＿

＿＿＿＿＿＿＿＿＿＿＿＿＿＿＿＿＿＿＿＿＿＿

9. 恐惧可能是你最明显地体会到的感受，但或许你还体会到了其他的感受。你是不是也感到伤心、生气、寂寞、反感或嫉妒？

我的另一些感受是：＿＿＿＿＿＿＿＿＿＿＿＿

＿＿＿＿＿＿＿＿＿＿＿＿＿＿＿＿＿＿＿＿＿＿

10. 现在设想一下，你能更清楚地察觉自己恐惧情绪的微妙变化。那么，比起之前，现在你有什么新发现吗？

＿＿＿＿＿＿＿＿＿＿＿＿＿＿＿＿＿＿＿＿＿＿

＿＿＿＿＿＿＿＿＿＿＿＿＿＿＿＿＿＿＿＿＿＿

如果你完成了这个练习，我相信你对自己的感受会有更深刻的了解。你会发现这样做其实比简单地给自己贴上"恐惧"的标签要有用得多！

深入探究——艾丽西亚的故事

当艾丽西亚对自己提出这些问题并认真倾听答案后，她从自己的恐惧中学到了很多。这个害羞的 32 岁女人说："我最大的恐惧是不能面对这个世界。我不知道为什么这对我来说那么困难，但它的确如此。对别人来说，与他人在一起似乎很容易，但对我来说却相当耗费精力。当有他人在场的时候，我就无法放松下来。我总是担心他们会批评我。我的朋友贝斯说：'没关系，不要理会那些批评你的人。'但她不知道，我内心经历着什么。我只想蜷缩成一团，只想去死。这让我想起童年，父母总是让我感到不愉快。我只有自己一个人待着时才会感觉比较安全，我想成为隐形人。比起跟一群人待在一起，我更愿意只跟一个人共处。与丈夫在一起时，我感觉最放松，他的微笑充满善意，并且他知道说些什么会让我感到安心自在。我不想依赖他，我只需要他在我难过的时候支持我、抱紧我。只要我需要他的安慰，他总是能很好地安慰到我。"

通过探索她的恐惧，艾丽西亚能够意识到恐惧会唤起哪些感觉，她是怎么回应的，以及怎样可以帮助她放松。对恐惧的深入理解并不一定能使恐惧消失，但可以减弱恐惧的强度，让艾丽西亚感觉不那么孤单。

重述问题

同样的语义可以通过不同的方式进行阐述和传达。当然，我并不是让你对自己撒谎或者让你掩饰自己的恐惧，但请考虑下你的表达方式是怎样影响到你的情绪和自信的。在表达中，少用那些能引发恐惧的词汇，这样做不仅会降低你的恐惧水平，还可以更清楚地描述问题。另外还要尽量减少使用那些导致你感到无力、无助、被动或愚蠢的语言。

怕得要命——贝拉的故事

"我13岁的女儿托妮简直要把我吓个半死。"贝拉说，她的恐惧类型属于警觉冲动型。"她抱怨胸部疼痛。我不知道这是心脏问题、呼吸问题或者其他什么问题。我不知道怎么办，不知道医生会诊断出什么疾病。或许她的心脏状况很差。"

现在想想，如果贝拉在表达对女儿的关心时尽量少用那些能引发恐惧的词汇和语言，那么情况会是怎样的呢？"托妮一直在抱怨胸痛的问题。我需要让她去看大夫，检查下是否有身体疾病或者其他问题。胸痛的原因也许是压力，也许是焦虑，也许是不想上学。我还没拿定主意去看哪个大夫，是儿科医师、内科医师还是心脏科专家呢？我还没定好，但我会很快做出决定。"

上述情境是一个可能很严重但又不明确的问题。两种说法都表达了对该问题的担忧。但是请注意，第一种说法容易让人产生怀疑、不安和恐惧，而第二种说法表述的是同一个问题，但它的表述方式则是指向问题解决的。这两种表述方式都没有回避问题，然而，第一种说法使贝拉陷入了恐惧当中，这使得她无法很好地照顾托妮；第二种说法则明确阐述了当事人的焦虑，这样的表达反倒能帮助贝拉决定采取什么行动。

总是说"如果"的人

和许多男人一样——尤其是那些属于大男子主义型恐惧的男人——山姆不愿去看医生，因为他害怕查出来健康问题，他向来忽视自己的身体健康。"如果医生发现了一些健康问题呢？"他疑惑地说，"如果我病了，那么妻子就不能依赖、指望我了，这该怎么办呢？如果我死了，又该怎么办呢？"这种表达恐惧的方式并不会带来任何答案，它们只会激起山姆的忧虑。

或者想想杰瑞米的例子，他害怕开始一份新工作。他问自己："如果我失败了怎么办？如果我和同事相处不好怎么办？如果我不能应对工作中的新挑战怎么办？"这些扰乱人心的"如果"式问句并没有带来问题的解决方案，它们只会带来痛苦。

一个更好的选择是把"如果"式的问句都变成陈述句。山姆可能会说："我害怕医生会发现我存在健康问题。如果妻子不能依靠我，那么我会不高兴的。我担心自己得绝症。"杰瑞米可以对自己说："如果我在这件事上失败了，那么我会很尴尬。我很关心自己在同事中的口碑。我担心自己无法胜任这份工作。"

当你把这些问句变成陈述句时，发生了什么？问题看起来不再那么糟糕了，不再那么可怕了。你面临的问题和挑战可能的确很严重——它们大大超出了你的能力范围，甚至威胁到你的生活——但是如果把问句改为陈述句，那么你就不会总是感到那么惊恐和害怕。

另一种选择是，实事求是地回答"如果"问题，让情境不再那么夸张和可怕。在最坏的情况下，山姆可以说："如果是癌症怎么办呢？好，如果真得了癌症，我也要面对它。我的朋友本杰明认识一个很出色的肿瘤医生，所以，如果我真病了，至少我知道该去找谁。"实事求是地回答自己提出的问题，不祥的味道会稍微减弱些。

这同样适用于杰瑞米的工作。他会问："如果我不能胜任这个新职位怎么办？"然后回答他自己的问题："这对我的自尊心和收入都是一种打击，但不管怎样，我都要面对。我有一些投资（部分是因为我已经预先考虑了这些风险）。我过去对类似的挑战做出了回应，我总是能安全脱离困境。"

◆──

练习：回答你的"如果"式问题

1. 写下你常问的"如果"式问题。

_____

2. 如果你问的问题是高度夸张化的，那么就把它改成不那么夸张的。（例如，"如果我头痛是因为脑部有肿瘤，那么我该怎么办？"把它改为："如果我头痛的症状持续存在，那么我该怎么办？"）

---

3. 现在回答你的"如果"式问题，看看你的回答会不会帮你变得更果断或帮你弄清接下来应该怎么做。

▲

例如，销售主管托马斯已经一而再再而三地推迟了自己的假期。"如果我没时间休假怎么办？"他问，"如果我做好计划，可海外战争又开始了怎么办？"但他承认这种夸张性的"如果"式思维让他感觉自己在工作中非常重要并且不可替代。战争可能意味着"我们不要去海外"，但这并不意味着"我们不要去度假"。他的"如果"式问句恰恰帮他回避了做决定。当托马斯花时间回答他的"如果"式问题时，他说自己可以趁公司淡季的时候休假一周。他和妻子已经存了足够去旅行的钱，他们有几个很想去的地方。托马斯说："做出度假的决定后，妻子很开心，这让我也感到很满意。我很享受度假——我只是在计划度假的阶段感到很焦虑。"总之，仅仅提出那些你根本不打算回答的问题，与用一种建设性的、充满智慧与策略的方式回答那些你提出的问题，这两者之间有很大的不同。

怎样结束你的话

怎样结束你的话，这点很关键，这将影响到你此时以及将来的感受。有些话语的结尾会让你感到绝望、没有能力、不知所措，而有些话语的结尾则会让你体验到胜任感和自主感。永远不要让"我不能"或"我不知道"这类陈述控制你的生活。相反，你可以增加第二个更乐观的想法，这样你的陈述中就有了更多选择和可能性，痛苦的味道会少些，人的主观能动性的味道会多些。

思考下面的例子。

首先，根据你的实际情况，完成下列句子。

我不能＿＿＿＿＿＿＿＿＿＿＿＿＿＿＿＿＿＿＿＿＿＿＿

我不知道怎样＿＿＿＿＿＿＿＿＿＿＿＿＿＿＿＿＿＿＿

现在给你的句子再加点内容，但是，我能做的一件事是＿＿＿＿

＿＿＿＿＿＿＿＿＿＿＿＿＿＿＿＿＿＿＿＿＿＿＿＿＿＿＿

或者，我知道的一件事是＿＿＿＿＿＿＿＿＿＿＿＿＿＿＿

杰森属于依从型恐惧类型，他对航空旅行感到紧张不安。他告诉自己："我不能决定今年是否要去拜访我的家人，因为飞行实在让我感到紧张。"如此绝对的陈述并不能帮助杰森做出决定。但是请注意当杰森改变他的语句后会发生什么。他在原陈述后面加了一句："但我能做的一件事是……"他是这样说的："我不能决定今年是否要去拜访我的家人，因为飞行实在让我感到紧张。但我能做的一件事是多给家人打电话、发电子邮件或者做其他的事情，如果有需要，那么我就乘火车去看他们。"这样一来，杰森的话语就是以多种选择和可能性作为结束，而不再像之前那样是以恐惧和优柔寡断结束。你有没有发现，语言上的这个小改变给了他一些喘息的机会？他不再深陷于那些他不知道的事了。现在他正在考虑替代方案，以便从原来的困境中解脱出来。

属于控制型恐惧的马蒂陷入了同样的困境中。她对自己说："我必须在假期做很多事情，我不知道怎样才能做到这一点。"这样的自我对话增强了她的恐惧感。她不仅用"我必须"这样的短语，还用到"我不知道怎样"，而这是一种对情境失去掌控感的描述方式。难怪她会焦虑担心！调整后的语言描述则立刻给了她喘息的机会："我想在假期做很多事情，我还不知道自己怎么能做到这一点，但是我知道的一件事是……"她不再困于角落中，不再逃避责任。她可以用更务实的信息修改和扩充她的语句："但是我知道的一件事是我要帮着装饰这棵树。我会在一些时候准备晚餐。即使不会百分百完美，事情也会完成得很好的。"

这种简单、直接的语言可以让你放松，可以赋予你权力，甚至会让你对先前看起来不可克服的问题和障碍产生幽默感。

这里还有一个例子：我不知道自己怎么能按时完成这项任务，但是我知道的是_____

_____

你又有了各种选择。以下列出其中的几种：

"我不知道自己怎么能按时完成这项任务，但是我知道的是我的丈夫（或妻子）可以来帮助我。"

"我不知道自己怎么能按时完成这项任务，但是我知道的是我需要让老板知道我需要更多的时间。"

"我不知道自己怎么能按时完成这项任务，但是我知道的是自己至少能在星期五之前完成项目的一部分。"

用好"但是"这个词

"但是"是一个不起眼的词。然而，它的力量是相当惊人的。在含有"但是"的句子中，一部分是积极的、充满希望的，而另一部分则是消极的、有问题的。让更有希望的部分出现在"但是"之后，请试着用这种方式结束你的语句吧！这里有两个例子：

"我不知道如何告诉女儿我被诊断出了癌症，但是我会请我的治疗师帮忙。"

"经济低迷让我失去了一半的退休金。但是我现在知道自己需要更有效地管理我的钱。"

虽然这两种情境都容易让人产生焦虑情绪，但是你可以看到，两种情境中的主人公都是以积极的行动计划结束话语的。

还有一个例子，菲尔说："我不确定蒂娜会不会接受我的求婚。"这种情况的不确定性使得菲尔总是犹豫善变，所以他已经把向女友求婚的计划推迟三个月了。他就是无法鼓起勇气去请求蒂娜嫁给他。

现在我们再来看看这个词的力量。"我不确定蒂娜会不会接受我的求婚，但是我知道她爱我。""但是"这个词不仅让菲尔正视了自己的恐惧（"我不确定蒂娜会不会接受我的求婚"），也让他感受到了希望（"我知道她爱我"）。

为了让"但是"这个强大的词为你工作和服务，你必须意识到你是怎样使用这个词的。因为最重要的信息往往是在"但是"的后面，所以请确保这部分信息是积极并充满希望的。如果老板对你说："你做得不错，但是……"那么你可以预期接下来老板会说点儿不好的信息了。很明显，"但是"前面的部分只是欲抑先扬。请与下面这句话做一下对比，"你经常迟到，但是……"你很清楚"但是"后面会有一些更好的消息，比如："你经常迟到，但是你工作做得还不错。"

练习：记录你的"但是"

我希望你现在能写几句带有"但是"的话。这句话的前半部分内容让人忧虑担心，后半部分则鼓舞人心。

1.＿＿＿＿＿＿＿＿＿＿＿＿＿＿＿＿＿＿＿＿＿＿＿＿

但是＿＿＿＿＿＿＿＿＿＿＿＿＿＿＿＿＿＿＿＿＿＿

2.＿＿＿＿＿＿＿＿＿＿＿＿＿＿＿＿＿＿＿＿＿＿＿＿

但是＿＿＿＿＿＿＿＿＿＿＿＿＿＿＿＿＿＿＿＿＿＿

3.＿＿＿＿＿＿＿＿＿＿＿＿＿＿＿＿＿＿＿＿＿＿＿＿

但是＿＿＿＿＿＿＿＿＿＿＿＿＿＿＿＿＿＿＿＿＿＿

过滤掉批评中有害的部分

许多人（尤其是属于依从型恐惧类型的人）最害怕的事情之一就是他人的批评。也许你希望没有人批评你，因为你很敏感，或者在成长过程中你一直被视作"特殊的人"，或者你就是不喜欢被批评。一个没有批评的世界似乎是非常理想化的，但现实地讲，你需要别人的反馈，虽然这样的反馈有时会很伤人，但是他人的批评可以帮助你了解你需要做些什么来提高自己。如果你总是回避批评的话，你其实就是在制造更大的问题，因为原本轻微的小恼火几乎都会变成今后的大怨恨。

因为接受批评是生活的一部分，所以你能给自己最好的礼物就是学会没有防御地倾听别人的批评。当然，如果对方给予的是支持性和建设性的批评，那就再好不过了，但不是所有的批评都是建设性的。为此，你需要学会过滤掉批评中那些有害的部分，采纳其中有益的部分，让自己从听到的东西中获益。

破坏性的、苛刻的批评通常涉及这些因素：

· 一种整体性的、涉及所有情况的描述。例如，"你从来没有这样做过"或"你总是这样对我"。

· 造成内疚的指控。例如，"你不关心任何人"或"看看你让我做了什么"。

· 没有耐心的、充满胁迫的描述。例如，"我不想听你的解释"或"如果你爱我，你就不会那样做"。

如果你能过滤掉批评中惩罚性的、有害的部分，不要把它当回事，那么你的恐惧感就会大大减轻。

与其把批评视作一种人格攻击，不如试着从行为层面看待它。例如：用"我做得不好"来代替"我是个白痴"。

请思考这些例子：

·当听到某人说："你从来没有做过正确的事。"就把它改为（在头脑中做这种更改）："我没有做好（或者我没有按他的方式去做），他感到很失望。"

·当听到有人说："你总是这样对我。"便对自己说："我的确这样做了，但我并不是有意伤害他的。"

去除伤痛

下面是一些我最喜欢的短语，它们可以帮你去除伤害性批评带来的伤害。"有时""现在"或者"这次"等词语有助于把批评置于特定语境、特定时间中。

你从来_____

（在空白处填入某种表示抱怨或者指责的内容）

你也应该把这种指控翻译成：

"有时我没在听。"

"现在我没有注意。"

"这次我碰到的状况太糟糕了。"

这三个词语对批评做了一个时间限定，这样一来，你就知道事情还会发生变化，会在另一个时间变得有所不同。

那又如何

有些人觉得被批评是一件非常糟糕的事情，对于这些人，"那又如何"的句式简直就是一剂良药。"那又如何"这个短语似乎暗示着你并不在意，那并不是你想要的。这个短语其实把批评置于一个特定的严重性语境中。如果你能回答"那又如何"这个问题，许多看似可怕或不愉快的经历很可能就看起来不那么极端了——不再是灾难，而是需要解决的问题或者需要克服或忍受的困难。

批评："我不认为你的儿子会被常春藤联盟学校录取。"

你的回答是："那又如何？他将进入一所适合他的大学。许多学校可以提供良好的教育。"

批评："你向人力资源部作的报告并不是很好。"

你的回答是："那又如何？这是我第一次向人力资源部汇报工作。读了他们的评估报告，我就知道在接下来的报告中怎样改进了。"

批评："像你这样滑冰，你很有可能摔倒或把脚踝摔断。"

你的回答是："那又如何？那又不会是世界末日。如果真的发生那种情况——也可能不会发生——我好好处理就是了。"

练习：积极倾听批评

现在让我们把所描述的技巧付诸实践。写下你必须面对的一些批评：

_____

思考如下问题：

· 你赞同批评的哪一部分？

· 你不赞同批评的哪一部分？比如："她觉得我很粗鲁，但我认为她在激怒我。"

· 哪部分是有破坏性且非常苛刻的？把这部分的语言做下修改，使它不那么具有破坏性，不那么苛刻，但仍然是真实的。举例："我可能没有顾及她的感受，但我既不粗鲁也不轻率。"

· 尽量选择那些伤害性小的词汇，并且尽量都用上"有时""现在"或者"这次"。比如："有时，我太匆忙了，以致我忘记了善解人意是多么重要。""现在我压力很大，所以我没有做到自己应该做到的善解人意。""这一次，我的确有些太冷漠了。"

· 在批评之后加上"那又如何？"："当我有些崩溃的时候，我知道自己会变得有些不够善解人意。那又如何？我知道最好不要这样做，但我不会一直这样做的，并且如果我真的这样做了，那么我也会道歉的。"

你可以再列出一两条必须面对的其他批评，然后练习上述的步骤。祝贺你！你正在练习的转移严厉批评的能力将会直接减轻你的恐惧感。

欣赏沉默的价值

在岑寂中，灵魂更清楚地看到那条路，逃避和欺骗已无处藏身。我们的生命就是一个漫长而艰苦的追求真理的过程。

——莫罕达斯·甘地

下面是我对语言与恐惧的关系的最后建议。并不是只有夸张的言语模式以及自我挫败的言语模式会增强你的恐惧，过多的言语也可以做到这一点。有时我们喋喋不休，以致我们都没有安静下来的时间，我们无法安静地去考虑真正重要的事情，无法专注地关心我们内心深处的感受。过多的话（包括说出来的话以及头脑中的嗡嗡声）会成为噪声，正如持续不停的音乐也可能会让人感觉刺耳和烦躁。过多的言语让你无法独处，无法获得宁静。当沉默时，你给了自己一个倾听自我的机会，倾听你的想法，并承认你需要面对什么。

第 9 章

调整身体

我们感到恐惧，因为我们在逃跑；我们不再逃跑，因为我们感到恐惧。

——威廉·詹姆斯

基思多年来一直没有想起过他的父亲。那一天，基思情绪非常低落，他被那段让他感到身心痛苦的记忆淹没了。他回忆起 10 岁时发生在他身上的一件事。父亲一直逼迫他从当地游泳池一个近两米高的跳水板上跳下去。基思记得他当时站在跳水板边上，望着水面，试图鼓起勇气跳下去。他记得自己当时在努力，真的很努力，但是他就是做不到。

"我们走吧，孩子！"他的父亲喊道，"我不能一整天都陪在这里。"

基思觉得自己就像被卡住了——不敢往水里跳，又转不过身，无法从跳水板上下来。

155

"跳下去吧，基思！别想太多，跳下去吧！没什么大不了的。"

他本来觉得这没什么大不了的，但事实上这对他来讲实在太难了。望着跳水板下的水面，听着父亲在一边朝他大喊大叫，看到身边其他孩子都在盯着他，基思越来越害怕。但他只能站在那里，他的四肢僵住了，心脏也怦怦直跳。

后来，救生员终于把基思从跳水板上救了下来，他的父亲开始长篇大论："你到底怎么了？你现在 10 岁了，不是 2 岁。你根本不需要任何从跳板上跳下来的技巧。如果你无法克服恐惧并行动起来，那么你将一事无成。"

现在，几十年过去了，基思面临着完全不同的困难状况，但对于他的胃，他的心脏，他的腿，以及他的整个身体，情况却是相似的。自己一直期待的晋升机会被别人挤掉了。那已经够糟的了。但当他把这件事情告诉妻子时，曼迪大叫着说："我简直不敢相信！你如果不大声表达出来，你永远也得不到晋升。你必须变得更有闯劲，否则你将永远一事无成。"

曼迪的话深深地打击了他。刹那间，他好像再次回到 10 岁那年——因为恐惧而蒙羞、困窘、无力。他的心怦怦直跳，膝盖发抖，冰冷的汗顺着他的背往下流。对于妻子的控诉，基思根本无力回应，就像多年以前面对父亲的长篇大论他所做的那样。

身体知道什么

跳水板的那段可怕记忆不仅储存在基思的大脑里。当曼迪愤怒地回应他的时候，储存在他身体里的那段记忆也再次被激活了。曼迪的话深深刺痛了基思，当然最具伤害性的还是曼迪的身体语言：那尖尖的声调，满是嫌弃的面部表情，气势汹汹指向他的手指，这些非言语动作无一不在暗示着基思的一无是处。

你可以从身体的许多方面感受到恐惧——从感觉紧张到感觉头痛、肩痛、胃痛、血压高、免疫力变低、记忆力减退和身体疲劳。这些身体反应常常是在意识范围之外发生的，所以你当时可能并未意识到自己害怕，直到后来才会意识到。正如基思在一次治疗会谈中所说的那样："直到我觉察到自己的身体反应，我才意识到原来自己很害怕。当时我唯一意识到的是我让妻子失望了，我感到惭愧。"当恐惧发生的时候，常常是先有身体反应，然后才有心理上的恐惧体验。

你可能认为大脑是人的控制中心，它知晓你正在发生的一切，但其实身体知道连头脑都没有意识到事情。

·你的感官会获取到连你的大脑都会忽视的信息。

·你的身体会记住连你的意识都已经忘记了的创伤。

·你的身体会记录你还没有意识到的恐惧。

·你的大脑也许会否认恐惧，但恐惧仍然会侵蚀你的能量，削弱你的自信。

身体发出的信号不容忽视。它有自己的表达方式，它会告诉你真实感受。你可以从很多躯体层面感受到恐惧的存在，这在我们的口语中有着非常丰富的描述：

"我正在失去对身体的控制。"

"我大汗淋漓。"

"我脖子上的汗毛都立起来了。"

"我的心怦怦直跳。"

"我肚子里有个结。"

"我正在冒冷汗。"

"我皮肤湿冷。"

"我颤抖得像一片树叶。"

"我的腿摸起来像橡皮。"

"我害怕得简直要僵了。"

"我已经麻木了。"

"我的手掌湿透了。"

"我现在简直如鲠在喉。"

有时会这样，但也并非总是这样，这些症状和感觉是对以往创伤的反应。比如，基思现在经常会感到恐惧，这无疑是与他童年时期在跳板上的屈辱经历有关的。同样，如果你小时候曾经被狗袭击过，那么你会因狗叫声或者陌生宠物的接近而紧张不安。犯罪案件中的受害人往往会在听到、闻到或者看到能让他们想起创伤经历的刺激后，出现闪回性体验。在"9·11"事件发生数月之后，许多美国人一听到飞机在上空嗡嗡的声音就会感到非常恐惧。

许多人认为摆脱恐惧的方法是控制你的思维——理性的思维有助于减轻躯体所感知到的恐惧。有时候，这种方法的确奏效。例如，你对医疗程序的掌握越熟练，你的感觉可能越好，你会变得越冷静。但是有时候，你并不能通过理性的思维让恐惧消失。想象一下，一个害怕飞行的人，尽管他知道所有的统计数据，知道与汽车出行相比飞机出行更安全，然而，只是想到飞行这件事情就可以使他的身体进入恐惧状态中。

因此，为了减少恐惧，为了更自在地生活，你需要学习一整套新的回应方式——运用你的头脑、声音、行为，有时候还要运用你的身体。因为上述每个方面都是四通八达的交互网络的一部分（每一个方面都会影响到其他方面），你可以从自己喜欢的任何一个方面开始这个改变的过程。本章的焦点将放在身体方面，关注身体如何记录并记住恐惧，以及我们该如何将身体从恐惧中解脱出来。

恐惧的生理机制

让我们简单考虑一下恐惧是怎样在我们的身体内产生的。

1.杏仁核是负责恐惧情绪的核心区域，它是大脑中的一种灰质团块。当出现了暗示着危险境况的刺激时，首先做出回应的大脑区域就是杏仁核。

2. 杏仁核的神经活动触发无意识的恐惧反应——一种随着时间推移而不断进化形成的本能性求生反应。

3. 丘脑将信息从眼睛和耳朵传递到大脑相关区域。

4. 应激激素（肾上腺素、去甲肾上腺素和皮质醇）使心脏跳动更剧烈，使肺部工作得更快，使脑进入高度警觉状态。

5. 大脑的其他区域，如海马体，会根据过往的经验对当前的危险境遇进行合理评估。

6. 大脑的更高级中枢开始行动。你的感官皮层将帮助你有效区分是实际威胁还是虚惊一场。你听到的身后的声音到底是有人跟踪发出来的还是只是风声？你的前额叶皮层起着主要的监管作用，负责处理身体各部分及大脑接收到的所有信息，并评估目前的危险是否足够严重，如果很严重，应该如何应对。

那些暗示着危险可能存在的刺激在大脑中会有两种反应。第一种反应是无意识和自动的。它是无须经过思考即可做出的反应。第二种反应是有意识的，是经过大脑评估做出的。如果没必要恐惧，那么大脑就会让你的身体回到正常状态。

让我们看看在现实情境中，这些生理机制是怎样发生的。假设你在树林里散步，你的余光捕捉到有东西在移动。你的杏仁核开始工作，你本能地做出自我保护的反应。你会仔细瞧瞧这个东西到底是什么，你的感官和前额叶皮层会帮助你评估风险，如果是松鼠从你身边跑开，那么恐惧一瞬间就过去了。如果它是一条蛇，那么你的头脑和身体会做出紧急应对反应。

然而,在恐惧的生活方式中,前额叶皮层可能会失去它对杏仁核的控制能力。由此导致的结果就是,恐惧会在并不危险的情况下持续出现。

恐惧的由来

以下是我最近收到的一封电子邮件的摘要,题目是《女性安全》。

我们每个人基本都有可能遭遇暴力犯罪。所以要时刻保持警惕,一定要运用头脑。

如果你被扔到汽车的后备箱里,那就使劲踢烂尾灯,把手臂从洞中伸出,然后用力挥舞你的手臂。

你必须要清楚自己在哪里,以及发生了什么。

不要选择错误的地点、错误的时间。不要独自在小巷走路,夜里也不要在治安不好的社区开车。

不要在结束聚会或其他活动后待在车里。有预谋的罪犯会盯住你,这是他坐进副驾驶座的绝佳机会,他会把枪放在你头上,告诉你开往哪里。一旦你进入自己的车,立马锁上车门,然后开车离开。

当你坐进车里之后,请做到:环顾四周,看看你车里的状况。如果你的车停在一辆大货车旁边,请从副驾驶座进到车里。大多数连环杀手都会在女性司机要进车时进行袭击。

作为女人,我们总是充满同情心,而同情心可能会让你被强奸或被杀害。连环杀手泰德·邦迪（Ted Bundy）是一个英俊且受过良好教育的人，他总是利用毫无戒心的女人的同情心。他会挂着拐杖走路，或者一瘸一拐地走，他经常请求路人到车里帮助他或假装车子出了问题而寻求帮助，而这也正是他绑架受害者的最佳时机。把这些建议发给那些需要被提醒的女性，让她们知道我们生活的世界会发生很多疯狂的事情。谨慎一些总比事后后悔好。是的，谨慎总比后悔好（偏执些也总比死亡好）。

我仅仅是在读这封邮件时就感到心慌。想象一下，如果我把所有的建议都记在心上，总是提醒自己在去超市的路上可能被强奸或被杀害，这会让我的脑海里涌起所有关于"世界到处充斥着疯狂之事"的记忆。这封电子邮件有点像长期恐惧的形成模式：认为每种情况都很危险，视每个坐在货车里的男人为潜在的绑架者，视每个有残疾的家伙为潜在的连环杀手。想想看，如果我按照建议把电子邮件转发给我认识的每一位女性，我就可以在全球传播歇斯底里症。

我并不是说这些建议不好。留意你周围的环境，这样做是非常好的。这样你就不会摔倒，你会安全地过马路，你还会看到一个想与之打招呼的朋友。你应该锁好车门，也不要一个人在夜里去治安不好的社区。这些都是安全预防措施，虽然这封邮件营造了让人惊恐的气氛，但是你不用过度恐惧。我必须承认，我以前的确没有考虑过如果有人把我扔到一辆汽车的后备箱里我该怎么做。好了，我现在已经准备好了，所以我可以把这些信息从脑子里放出来了。但是，请想象一个反应过度的女人会如何应对这个问题。你能想象她正在检查汽车的后备箱，搜寻疯狂挥舞的手吗？

你能想象易受影响的孩子被狂暴易怒的父母养大，还总是被警告"太危险，太危险"吗？如此想来，这就一点儿也不奇怪了：杏仁核会拦截大脑用来思考的区域，使人在日常情况下的反应就像是在应对危及生命的紧急状况一样。

觉察身体的反应方式

正如我们会发展出对待恐惧的不同思维方式及言语方式，我们也养成了自动化的身体反应方式，其中有三种非常典型：高度敏感型、过激反应型、冷漠僵化型。

高度敏感型

有些人的身体和情绪都非常敏感。他们能意识到身体反应的细微变化和微妙之处，他们觉得与世界互动是件很麻烦的事。他们简直就像对生活过敏一般。每天从别人那里反弹回来的压力会强烈地影响他们，就好像压根儿没有减震器可以帮助他们缓冲生活中的颠簸起伏。

自从记事起，人们就告诉埃德温他脸皮太薄了。父母希望他的这一特点会随着年龄增长逐渐消失，但事实上并没有。现在，他38岁了，总是对别人的言行过度反应，别人随便一句话就可以把他推向深渊。他的哥哥就曾经被埃德温激怒过，他称埃德温为"泡泡男孩"，并嘲笑他说："变得真实点吧！你表现得好像你必须生活在一个完全没有痛苦的地带。"的确，埃德温有个和邮票一样大小的舒适区。当他在舒适区之外的时候，他就会感到恐慌，会推开别人，沉浸在自己的世界里。即使在他一个人的时候，他也保持着高度警惕，用每一种新的身体感觉来预测危险。他感到孤独和害怕，就像一个小孩发现他的父母出去了，就留下了他一个人。从他的身体反应来看，就好像有危险状况即将来临，但并没有什么不寻常的事情发生。自接受治疗以来，埃德温一直努力将注意力转移到使他平静的刺激物上，而不再将其放在那些使他惊恐的刺激物上。埃德温讨厌他的高度敏感，这让他浪费了太多时间，耗费了太多精力。

过激反应型

有些人对恐惧的反应则过于激烈。因为他们不能忍受身体的紧张感，所以他们会快速而冲动地去做一些让自己感觉更好的事情。他们还没花时间评估状况，就急着采取行动，痛苦的感觉支配了他们的反应。因为太过于冲动，所以他们根本没有时间从一系列可能的反应中做出选择。相反，他们只是表现得轻率、急速，并希望得到最好的结果。

苔米就表现出这种类型的行为。她无法忍受焦虑，这使她不得不采取突然的、常常弄巧成拙的行动，比如最近一次搬家。搬到新城市后，她感到很孤独，所以当男朋友拉里，也就是她的老板，邀请她搬过去同住的时候，苔米很快地做出回应。两个月后，拉里和苔米分手了，这时苔米意识到冲动的代价：没有房子，没有工作。苔米需要学习如何减少本能性的反应，增加自主性的回应。区别在于，反应（reactive）是冲动性的应答，无须经过思考，无须考虑是否可以摆脱困苦（这也难怪苔米没有积蓄，因为她最喜欢的方式就是"疯狂购物直到……"）。相反，回应（responsive）是内在的。它需要一种强烈的自我意识，尽管恐惧，但它能让你在行动前评估各种各样的反应。回应和责任（responsibility）这两个英文单词源自同一个词根，这并不是巧合。

冷漠僵化型

还有人养成了僵化的反应方式。即使没有迫在眉睫的危险，他们的身体也紧绷、僵硬、不灵活，仿佛出现了战斗或飞行时常见的应激反应。冷漠僵化型——在动物中常见——表现为静止，不回应，保持沉默，保持伪装，隐藏，掩饰，装死。我称它们为"僵化"的自动化反应。萨尔是一个很好的例子。他经常感觉麻木。他把自己的身体看成一个机器，一个与他自己分离的实体。他很少表现出任何情绪。他的女朋友阿莱莎认为他是一个稻草人，当她与他对话时，就像"对牛弹琴"。对于情绪化的交往情境，萨尔总是特别机械化地去应对。当她指出萨尔应该表现得更加情绪化些时，他变得更加僵硬和顽固。"我就是改变不了。"他说，他紧绷的面部表情也表达出了这层含义。

练习：你属于哪种身体反应方式

阅读以下关于三种身体反应方式的问题，在符合你情况的描述前面画钩：

高度敏感型

☐ 你觉得自己身体敏感吗？

☐ 你能觉察到身体里那些微小变化和其他微妙之处吗？

☐ 每天的压力会让你感到耗竭吗？

☐ 当你沮丧的时候，你需要比大多数人更长的时间来克服它吗？

☐ 外来噪声会干扰你的注意力或干扰你的休息吗？

☐ 你对温度太敏感或太不敏感吗？

☐ 你对别人说的话很敏感吗？

☐ 你希望有更好的"减震器"帮助你更好地应对生活中的颠簸起伏吗？

画钩的数量：＿＿＿＿＿＿

过激反应型

☐ 你讨厌停留在不舒服的情绪中吗？

☐ 在考虑自己的选择之前，你是否经常陷入困境？

☐ 你觉得自己冲动吗？

☐ 你做事常常不经思考吗？

☐ 你是否曾采取草率的行动，后来又后悔了？

☐当你需要保持平静的时候，你会变得焦躁不安吗？

☐你的身体总是在动，总是想做点什么吗？

☐兴奋的时候你很难让自己的身体平静下来吗？

画钩的数量：＿＿＿＿＿＿

冷漠僵化型

☐你的身体经常僵硬或静止吗？

☐你认为自己不像大多数人那样情绪化吗？

☐你倾向于在遇到压力时收紧身体吗？

☐你经常双臂交叉并紧紧抓住身体吗？

☐你是否会握紧你的拳头，并且觉察不到自己的这个
动作？

☐即使你在度假，你也觉得很难放松你的身体吗？

☐控制自己的情绪对你来说很重要吗？

☐你觉得最好不要表露情绪吗？

画钩的数量：＿＿＿＿＿＿

比较每种类型中你画钩的选项的数量，在某种类型上画钩的数量越多，说明你越倾向于这种风格。你可能属于不止一种类型，因为每种类型之间的界限并不是特别严格。

尽管如此，但你可能会意识到其中某一种是你惯用的类型。因为你已经长时间地忍受着身体的反应，你可能会认为自己对刺激的反应并没有什么异常。当你的恐惧水平相当高时，你肯定意识到了。

但是你可能意识到你的身体一直保持着低程度的恐惧，你经常感到担心。并没有最佳的反应类型，但是无论哪种类型严重了都会产生一系列问题。因此处理这个问题的关键就是避免极端，保持你的反应处在适度水平即可。

·如果你通常的身体反应方式是高度敏感型的，那么请不要太关注你身体发生了什么，不要把身体的感觉看得过于重要。把注意力集中在那些不会激发恐惧的活动和画面上。

·如果你通常的身体反应方式是过激反应型的，看看你是否可以忍受与焦虑的感觉共处，并且不做任何事情加以干预，与它待在一起就好。在冲动行事之前多花点时间思考下。

·如果你通常的身体反应方式是冷漠僵化型的，那就尽量放松些。让自己的身体就那样自然地放松，伸展，弯曲，摇摇胯部，扭扭屁股，跺跺脚。

创建良好的平衡

保持内部平衡是身体生存和保持舒适所必需的，这种平衡过程叫作稳态。其中大部分是由先天和自动的生理过程所控制的。因此，你通常不必担心调节体温或击退细菌这样的事情，你的身体会帮你去做。在其他情况下，你所要做的就是跟随身体发出的信号，这样你就能创建良好的平衡。这适用于像睡眠、进食、排泄这样的基本身体功能。

然而，情绪问题可以破坏自我平衡的过程。如果你有些抑郁，那么你休息或睡眠的时间可能会更长；如果你有厌食倾向，那么你很可能会有肠胃不适；如果你是挑剔型人格，那么你很有可能会有便秘症状，对那些本该放手的东西一味偏执。在生活中创建平衡不仅与生理过程有关，而且与你如何应对生活中的威胁和挑战有关。如果你生活在恐惧中，那就不要惊讶你对安全感的需求怎么会如此强烈。为了改变这种模式，你要努力做到平衡。要小心，但不要过度谨小慎微；要保持警惕，但不要过于冲动草率；要保持觉察，但不要过度敏感。在你的工作和个人目标中，你需要追求成就，而不是追求完美。要现实点，而不要太理想主义。实现那些可以实现的目标会减少你的恐惧，期待遥不可及的事物则会增加你的恐惧。

练习：平衡是快乐的媒介

1. 准备一张纸。

2. 从中间画一条垂直的线。这条线有助于呈现二分思维（只有两种选择）：好的和坏的，对的和错的，恐惧的和不恐惧的。我们中的很多人采用了这种思维方式，但其实这种方式是有局限性的。你要从二分思维转变为连续思维。

3. 现在再拿一张纸，在纸中央画一条水平的线，也可以称为连续线。

4. 把连续线的一端标为 1，另一端标为 10。

5. 沿线均匀地标出数字 2 到 9。

6. 假设你有一对非常溺爱你的父母（你可以在线上标记为

10）。如果你小时候的确经历过这种程度的溺爱的话，那么你长大后可能会成为一个对孩子不够上心的父母（你可以在线上标记为 1）。

7. 现在看一下你制作的这个图表，这两个位置（1 和 10）看起来好像很遥远，但是……

8. 拿起这张纸，像做圆柱体一样使它弯曲，这样你就把一张二维的纸变成了三维的物体。

9. 你注意到了什么？ 10 与 1 相邻。当你用这种方式看待问题时，你会清楚地看到，就溺爱这件事来说，10 和 1 这两个极端（父母的过度保护和缺乏保护）其实非常相似。

10. 与 1 和 10 距离最远的是哪个数字？是 5——它是连续线上的平衡位置，通常指更沉稳、自信的人。

倾听你的身体（但也不要太过度）

学会倾听自己的身体。

· 让你的身体自然地去感受。

· 意识到身体带给你的感觉。

· 保持对身体的觉察，但又不是控制身体。

· 不要试图改变你的感觉。尊重身体的记忆、欲望和需要。

· 倾听你的身体，看看你正在准备做什么。

·保护你的身体不受思想的打压（例如，用"必须"或者"应该"折磨自己）。

·不要让自己太艰难。温柔地鼓励自己，但不要强迫自己的身体超出极限。

·留意身体需要休息的需求。

·始终保持呼吸（不骗你，很多感到恐惧的人常常会屏住呼吸）。

艰难的审判——杰夫的故事

杰夫是一位来自密歇根的知名家具设计师，他正为自己在纽约贸易展上的首次演讲做准备。虽然他演练过，并得到了很好的反馈，但他的身体反应就像是在应对一种激烈的、疯狂的状况。"这次不同了，"杰夫来找我咨询时说，"我太紧张了，以至于我都想违背承诺，不去做这个演讲，但我找不出一个合理的借口。"

当我问他为什么对这次演讲有如此强烈的反应时，他回答说："这次是在纽约。这是一次大型的联盟集会。我担心自己会出丑。我也怀疑自己是否能达到在如此高端的展会上演讲的标准。"

很快我就了解到一个更复杂的因素。就在杰夫特别需要一些鼓励和善意去面对挑战时，他的思绪回到高中时期："那时大家都以为我是个笨蛋。"这都过去 20 年了，但身体的记忆仍然能削弱他的信心。

杰夫越沉浸在这种回忆中，他的身体就越紧绷。他发现自己陷入了典型的回避型冲突。"我想，但我又不想。"他抱怨道，"我很兴奋能有这样一次机会，但是我又担心这会是我的一次滑铁卢。"杰夫越来越沮丧。我是他最后的希望，他来找我，是想看看我能否减轻他对这次特殊演讲的焦虑。

下面就是我处理这个问题的过程。首先，我让他做三次深呼吸，第三次呼气时，默默地说些让自己安心的话。我问他说了些什么，他的回答是："我会没事的。我会做好这件事情的。"

其次，我让他回想过往比较成功的一次演讲。他回忆起某一次演讲，当时的他知识渊博而且有趣。观众喜欢他，并且十分欣赏他呈现的幻灯片。我问他当时的身体感觉如何，他回答说："放松和镇静。"

我在办公室设了临时讲台，让杰夫想象预计会在纽约贸易展上参会的 200 名观众。我是想采用暴露疗法。我要求他想象观众中有一张友好的脸。我让他对这个人微笑，并点头表示回应。然后我让杰夫想想自己当初为什么会被邀请在贸易展会上发言。他的专业权威体现在哪些方面？人们为什么会想要听他讲的话？这些问题使他的精力和注意力远离身体，转移到了外面的其他事物上。

再次，我请他告诉我他的开场白是什么。他告诉了我，我觉得那是个不错的开场白。他继续演讲，我能感觉到他正在逐渐突破阻力。我能听出他声音中的变化——变得更加自信，更加自如。我看到他的身体逐渐舒展，面部肌肉也慢慢放松，他的呼吸也平静下来了。至少在我的办公室里，他驾驭了自己的恐惧。我祝他好运，并与他告别。两周后，我收到一封感谢邮件，我知道他已经克服了在众人面前发言的恐惧。

杰夫所学到的是，当你不再太过焦虑时，你的身体反而会运作得更好。当感到紧张焦虑的时候，其实是在给身体施压，那么完成任务就会变得更加困难。相反，放松身体会降低你的紧张程度，很多事情往往会变得更加容易。

尝试东方文化中的一些方法

冥想是让大脑中的思想波动静止下来。

——帕坦伽利

作为西方文化的一员，我们往往会以一种表面上充满活力甚至咄咄逼人的方式对生活做出回应。我们全力以赴去做每件事情。我们努力工作，努力玩耍，努力锻炼，甚至努力放松。我们想要靠自我意志克服每一个遇到的问题。当遇到一些状况，需要我们退后、等待或者在某些状况下不采取过激的行动只是忍受不舒服的情绪时，我们往往会变得愤怒和不耐烦。在我们的文化中，向恐惧"屈服"不是件光彩的事儿，往往会遭到不敬和蔑视。

东方文化所采用的方法则是不同的，它更注重培养内在力量，包括内在平和、静坐、不与外界环境抗争、保持心灵平静。许多亚洲人强调无为而治，当然无为并不意味着一个人软弱无助。你虽然什么都不做，但要保持充分的觉察和旺盛的生命力。例如，中医的目标是纠正身体中的不平衡，使阻塞的能量能够再次自由地流动。

在许多瑜伽练习中，发展身体的弹性比强行克服障碍更为重要。

我怀疑西方人是否能完全接受东方文化强调的生命存在方式，但我们仍然可以从亚洲文化中学到很多。是的，有时候你应该采取行动，但也有一些时候，采取行动是没有帮助的，你需要做的就是顺其自然。你需要放松你的神经、肌肉、头脑和身体。东方文化在这方面有很多智慧。

颇受欢迎的东方之道

许多人不知道如何冥想、放松、静坐甚至打盹儿。对于那些习惯生活在恐惧和忙碌中的人，这似乎是不可能的。但这些看似无为的练习中恰恰有着真正的智慧。这里就有一些东方式的练习可以帮助你应对压力、紧张和恐惧：

·瑜伽。瑜伽现在已经广泛地融入美国文化中了，它在美国各地以不同的形式出现。瑜伽练习包括呼吸、伸展和放松身心，所有这些都是为了创造一种平静安宁的生活方式。

·冥想。冥想强调对呼吸的觉察、监控头脑中的想法、集中在某个想法上或是重复某句话（让你放松或者集中精神的一个词或一句话都可以）。

·太极。太极拳的动作看起来特别优雅，它可以让练习者通过一系列的动作屏蔽头脑中的无关想法，缓解躯体紧张，关注"此时此刻"。

·跆拳道和其他武术形式。武术不再局限于年轻好斗的人，武术是恢复自信、自律和内心平静的途径。这些练习在本质上是有很大差别的。虽然看起来很激烈，但其实它们并不强调攻击力，也不强调打败对手，而是重在自我控制和内在平和。

·气功。气功强调减轻焦虑和紧张，提高整体的身体素质和身体灵活性，注重心灵的宁静。气功是一种通过温和的动作、声音、呼吸和冥想技巧调动身体能量的健康方式。

减轻你的负担

一旦你打开电视，你就会听到最近的恐怖事件、致命的车祸、健康危害以及在社区附近发生的谋杀事件。当听到这些新闻播报时，你能感觉到身体有明显的紧张感。当然你觉得自己已经受够了，于是你关掉电视。但是，为什么还是感觉很不舒服呢？为什么随后就感到头痛？

答案是你的身体不是一台机器。你不能像使用你的车那样简单转动钥匙就把发动机关掉。即使最初的刺激不再存在，你体内的感觉也会持续很长一段时间。释放你的紧张感并不容易。你的身体是为了更快地运转而不是为了冷静下来。也许你从来没有真正地冷静下来过，一直以来你只是保持在一种较低水平的恐惧当中。随着时间的推移，你似乎已经习惯了它的存在，但是事实并非如此。

凯莉的故事

凯莉心事重重地走进了我的办公室。"我不知道自己是否还能承受更多。"她抱怨道，"这周是最糟糕的一周！除了恐怖警报，还有我儿子考砸了，我女儿得了流感，我丈夫告诉我客户正在起诉他。这一切实在太难应付了！我好害怕。我试着保持清醒，但内心实在有太多的担心。我不知道该怎么办。"

我告诉凯莉她需要做的第一件事就是放松。她刚才提到的事情，没有一件是需要马上处理的。事情还没有紧急到火烧眉毛的程度，她的女儿还不需要去医院，她丈夫已经雇了律师帮他解决问题，目前也没有恐怖袭击的炸弹掉落。现在凯莉需要集中精力在自己身上。在我们进行放松练习之前，我给她制订了两条需要遵守的规则。

第一，我让她为自己设定引发恐惧的刺激极限。她敏感的神经系统已经承受了来自个人生活的很多压力，新闻中的大事已经超越了她的掌控范围，她不需要一直为全球发生的灾难事件而烦恼。我并不是说让她无视那些要事要闻，我告诉她要避开电视新闻、网络头条和报纸头版的恐怖报道，而她也为此感谢我允许她不再阅读或观看这类新闻。

第二，我希望凯莉避免令人担忧的谈话。凯莉有两个她称之为"忧郁与不幸的伙伴"的朋友。"我们互相'喂食'。"她承认，"我们每个人都说：'你听说了吗？'然后我们就开始讨论最新的健康危机、车祸和杀人事件。"那些无聊的讨论正在让凯莉付出代价，所以我让凯莉把话题转到更乐观的事情上去。如果她的伙伴们不配合，就限制她和那两个伙伴的接触。凯莉欣然同意，因为她知道女人之间这种喋喋不休、杞人忧天的聒噪兴奋是有传染性的。她不想那样，也不想成为它的牺牲品。

现在是凯莉学会如何使身体平静下来的时候了。她和她的朋友南茜说到了瑜伽。她对瑜伽了解并不多，但听说它对放松身心有很大的帮助。"如果有什么我需要的，那就是它了。"凯莉说，"但我不知道怎么挤出时间做瑜伽。这是我必须做的另一项任务。"南茜明白凯莉的意思，但仍然继续鼓励她。有一天，让南茜感到惊讶的一点是，凯莉竟然同意了。"我要试试看，"她无精打采地说，"但我不知道自己能否坚持做下去。"南茜回答："没问题。"

凯莉只花了一点点时间就开始相信瑜伽可能是帮助她放松的一种好方式。她的老师对事物顺应、接纳的态度着实让凯莉感到震惊。凯莉从小生活在高压的家庭氛围中，她一直被要求要更努力、更快、更好地工作，所以当老师用和缓的语气对她说："按你自己的节奏工作是可以的，温柔体贴地对待你的身体……"时，凯莉眼睛里甚至都溢出了泪水。

一旦凯莉被瑜伽带来的身心妙处所吸引，她就总是能找到时间去上课，总是能精力充沛，精神饱满，对自己也有了更充分的接纳。

断路器——一件好东西

在我结束这一章之前，我想和大家分享一个对我的很多来访者都有帮助的概念。我喜欢在过载的身体和超负荷的电力系统之间打一个比方。想象一下，在你的家庭办公室里，你有空调、电脑、传真机、打印机、扫描仪、电视、收音机、时钟，还有吊灯和照明灯。

你记得那个给你安装电脑的人建议你把电脑和空调连接在单独的线路上，你说你有一天会这样做的。但到目前为止，你没有遇到任何问题。你通常不会超载，因为不是所有的机器都同时运转。

现在，就在你正忙着赶一项快到截止日期的工作任务时，断路器切断了。现在没有东西在运转了，漆黑一片，你很紧张，你需要到处找手电筒。最后你找到了它。所幸还有电池！你找到断路器，打开它，并找到被弹出的开关。你重新按下开关，然后返回去工作，想知道你丢失了多少数据。刚刚在流行音乐中安顿下来，你又陷入了黑暗之中。在你回去工作之前，你忘了关掉一些电器。你讨厌这个断路器，认为它只不过是你的麻烦。

但是，你要记住，断路器是一种安全装置，是为了防止电力负荷过重而引发的火灾。

你看到这个比方给生活带来的启发了吗？如果你生活在充满压力的生活中，你很可能会有一个超载的回路。如果你没有那么多的事要做，你不会因为上次的电话而感到压力重重。如果你没有那么压力重重，你就不会对即将到来的事件感到紧张了。如果你不那么紧张的话，你也就不会忽视伴侣的需求了。如果你没有对伴侣动怒，你就不会有这种剧烈的头痛。你明白了吗？

糟糕的是，我们的身体系统中没有建立起这种类似的断路器系统！有吗？精神崩溃除了告诉你"你不能再这样生活了"之外，还能做什么呢？长期的压力、恐惧、焦躁除了告诉你有些事情必须改变之外，还有什么用呢？

第 10 章
让身体放松

呼吸是如此简单、显而易见，我们都将其视为理所应当，忽视了它对身体、头脑和精神产生的影响。呼吸可以让我们兴奋或镇静，紧张或放松。

——哈里特·拉塞尔

为减少身体对焦虑的反应，最重要的就是学会放松。你对于放松的印象可能是喝酒、抽烟、冒险或者成为一个蜷缩在沙发里的人。这些方式有其合理之处，但它们并不能使肌肉和神经放松，更不用说它们可能会带来的成瘾或其他后果。

呼吸和肌肉放松

接下来要谈论的就是如何让那些由于过度紧张而阻塞或无法流动的能量得到放松。注意：这些方法可能看起来不同，但它们都是有效果的。

缓慢地深呼吸

缓慢地深呼吸和肌肉放松练习算是减轻身体焦虑的最佳和最简单的方法了。很多人意识到了这一点，但他们要么不知道如何使用这些方法，要么觉得它们非常无聊。针对这些原因，我增加了一些独特的技巧，这样就会让整个体验过程非常愉快，你甚至会觉得有点儿好笑（一个人很难在同一时间感到既可笑又可怕）。

对呼吸的觉察

一些人非常忙碌，以至于他们不得不停下来有意识地去关注他们的呼吸。他们或许没有意识到他们正在轻轻地、不均匀地呼吸，或者是屏住了呼吸。你刚刚是怎么呼吸的？是通畅的还是受阻的？你的呼吸是从胸部到腹部吗？注意自己的呼吸吧，它能使你镇静下来。

然后轻轻闭上眼睛，深呼吸三次，一次接一次。慢慢地用你的鼻子呼吸，然后再轻轻地从口中吐出来。如果你吐气吐得太快，不妨想象一下你正在吹一勺热汤。当你这么做时，悄悄地说一些令人宽慰的话，比如："我能应对它。""事情会变好的。"然后重复。这是一种令你镇静下来的简单练习。当我将这种方法应用到我的来访者身上时，他们中的有些人能够快速地深深放松下来，并开始打哈欠。然后他们开始道歉，好像他们做了错事一样。我告诉他们："不用道歉。"我将之视为一种赞美。你刚到我办公室的时候看起来非常沮丧，充满了挫败感，但现在你却足够放松，以至于开始打哈欠。我不会把打哈欠视为一种社会性的错误或者是枯燥、无聊的迹象，对我而言，它意味着我的来访者已经摆脱了紧张，能够以顺畅稳定的气息进行呼吸。他们不再是紧张的。我把打哈欠视为一种成功，因为缓慢、深深地呼吸能够降低心率，使精神放松。

吸入，呼出

我经常教我的来访者用一种奇异的方式进行转换。我在乘坐法国航班之后开始运用这种练习方式。这个航班有一个视频节目是帮助坐在椅子上的乘客进行呼吸、伸展和放松练习。美国人倾向于认为来自另一个国家的任何事情都是奇异的、有趣的。法语为这本来看似普通的东西增加了一丝神秘感。"吸气，呼气"（这听起来或许像医学用语）被转换成了"吸入，呼出"。

结果是什么呢？现在我的来访者不再仅仅是吸气了。在每一次的呼吸中，他们都会想象自己充满了生命力。此外，他们也不仅仅是呼气——他们吐出多余的空气，就像终于离开那个紧绷的橡皮筋。当所有的"毒素"都被呼出身体的时候，持续不断的营养在他们身体内的每一个细胞中流动。"吸入，呼出"可能比"吸气、呼气"更有鼓舞和启发意义。

收紧，放松

人们告诉过你多少次"放松""放轻松""不要那么紧张"？摆脱紧张并不是一件容易的事。然而，收紧能够帮助你放松，因为当你夸大你肌肉的紧张时，你更容易释放紧张。

这里有两个我应用在来访者身上的练习活动。

绷紧你的手臂

1. 握紧拳头，将一只手臂举至空中。

2. 肘部弯曲，手臂向后，准备出拳。

3. 保持这个姿势。

4. 现在，出拳，但切勿将拳头径自向下挥动，而是在途中突然停止动作。

5. 将你的手臂停于半空中，从 1 数到 20。你感觉如何？你是否感到特别紧绷、紧张，甚至疼痛？

6. 当你认为有必要时，即可放下手臂。

记住，你在练习活动中感受到的紧张正是一些人一直在他们的身体中感觉到的恐惧和紧张的状态。当肌肉收紧，血液循环受阻，紧张感便全部聚集在一起。一旦你学会去清晰地感受紧张，你就能更轻易地采取措施去放松，释放紧张。

渐进性放松

这是另一种练习，与前面的练习程序基本一样。增加的紧张感会带来意识的清醒——回归安宁。注意：在你从记忆的层面学会这一系列操作步骤之前，你都要把这些指示语用录音机录下来，在练习这一活动的时候循环播放，或者当你在练习的时候让其他人读出这些指令。

1. 选择一个平坦的、能够让你舒舒服服躺下来的地方，可以是一张床、干干净净的地板、地毯或者瑜伽垫。

2.平躺在地板上，休息几分钟，缓慢地深呼吸，释放一天里的烦恼。

3.从右腿开始，轻轻地把你的肢体从地板上抬起来。

4.将腿部肌肉收紧，收紧，再收紧。

5.现在开始放松，让腿回落到休息的位置，你会发现，随着紧张的开始和释放，脚部、大腿和小腿的肌肉感受到更少的紧张和更多的平静。

6.换到左腿，收紧所有的肌肉，让紧张聚集，然后在几分钟后释放紧张。

7.让腿部和身体的其余部分放松一会儿。

8.抬起你的右臂，握紧拳头，收紧前臂，上臂收得越硬越好。

9.保持紧张，让它聚集，然后释放你的手臂，让它回落到一个休息的位置。

10.用你的左臂重复这一过程，建立肌肉紧张感，保持，然后释放。

11.现在收紧臀部肌肉，然后让这种紧张感聚集。

12.释放。当你放松时，沐浴在这种平静中。

13.移动到你的腹部，收紧腹部肌肉，保持紧张，释放。

14.之后，再静静地躺一会儿。

15.使胳膊肘弯曲，并将肘部紧贴你的两侧，弯曲你的肱二头肌并使胸部肌肉尽可能坚硬。保持紧张，然后释放。

16. 再次静静地休息一会儿。

17. 将你的肩膀从地板轻轻抬起，让它们朝彼此的方向靠，以使它们接触，收紧它们，当这种紧张聚集的时候，你会有一种强烈的冲动去释放它，释放并放松。

18. 接下来，将你的脸紧绷起来，噘起你的嘴唇，紧紧闭上眼睛，收紧你的脸颊，直到这种紧绷感越来越强烈。

19. 不要立即释放紧张，把你的嘴巴张大，把舌头伸出来，把你的眼睛尽可能睁大（不用担心你的样子看起来如何——没人在评判你）。

20. 现在，放松。

当完成这一系列过程后，你已经交替地伸展和放松了几乎全身的每一块肌肉。定期进行这一练习活动，最好每天坚持练习，你身体上的压力和紧张最终会神奇地消失。

逐步减少恐惧

恐惧是生活中不可避免的一部分，有时候它还能起到良好的效果。完全摆脱恐惧可能是一种美好的幻想，虽然那很值得期待，但却很难实现。消除紧张也是如此。一个更具现实性的目标是：减少某种程度上的恐惧和紧张，把它降低几个等级，比如从 1 到 10 的刻度，把恐惧和紧张从 10 降低到 7，或者从 7 降低到 4，你不会感觉到更高兴吗？对某种状况感到忧虑而不是过分忧虑，难道不是更好吗？

这样做可能需要一些思维上的工作。这是肯定的，因为大脑和身体是相互联系、相互影响的。接下来就是一个例子。

距离珍妮和本的第一次约会还有几个小时的时间。在珍妮的哥哥看来，本是最适合珍妮的人选。随着约会时间的逼近，珍妮觉得越来越紧张，甚至感到有些恐慌。"我没办法开始约会。"她说，"为什么我会这么紧张呢？这难道意味着我害怕见到这个我原本不打算见的男生？还是说这意味着我想见他但是我没法抑制我的兴奋？"就在珍妮上一句提到害怕、下一句提到兴奋的时候，她似乎就要悟出点什么来了。恐惧和兴奋之间有着微妙的差别，心理上的反应也是如此。鉴于此，我建议珍妮把思想从恐惧转向兴奋。她接受了我的提议，并承认自己对"今天可能是我和真命天子相遇的日子"这一可能性感到兴奋。当她明白这种情绪上的兴奋和激动正在引发她肠胃的生理反应时，她的兴奋程度开始快速攀升，而她的恐惧程度也在急剧跌落。

如果恐惧、忧虑和焦虑是你生活的常态，不要想象你突然间醒来，发现自己悠然地躺在床上，十分冷静。这不是你的本质。但是，你可以一点点地进行改变。你别无选择，你只能从你的现状，而非你的理想状态开始改变。

这里有一些可以帮助你逐渐减轻恐惧的方法。

第一，用从 1 到 10 的刻度来定义你的恐惧程度。如果你的恐惧程度经常处于 10，那么你的目标就是把它降低几个刻度。这样做是为了避免野心太大、太心急。请避开不切实际的目标。接受你现在的状态，接受你改变的速度。告诉自己"这是可以的""我可以的""我这么做是可以的"。如果你把目标定得太高（比如，期望从 10 降到 2），你是在把自己往失败的路上推。更好的策略是：将目标定位为逐渐减轻你的恐惧。

第二，放弃控制。你没有必要去控制你的恐惧，你可以感受它，观察它，谈论它，或者画一幅画将它可视化。你可以和你的恐惧对话，留意它，甚至去欣赏它。但是，你没有必要去控制它。当你准备释放恐惧的时候，请相信自己一定能够做到。你可以逐步地释放自己的恐惧。很少有孩子能够在第一次跳上两轮自行车的时候就摆脱他的辅助轮。只有当他相信他自己可以这么做的时候，他才会摆脱辅助轮。并且，通常那种成功会被视为一个大的惊喜，他甚至没有意识到自己是多么娴熟，直到有一天他自己能够做到。这对你来说也同样适用。

第三，尊重你的抗拒。你身体内的某一部分可能会说："我生病了，厌倦了生活在恐惧中的状态。我准备继续前进。我已经做好充分准备了。"这听起来非常好——你的动机很强，准备前进。然而，如果你身体内的另一部分没有充分准备好放开你的恐惧，不要对此感到惊讶。这种阻力是有原因的，不要试图隐藏它，不要强迫自己超越你的准备。尊重你的抗拒可能看起来使你放慢了前进的步伐，但是从长远来看，这将会使你受益良多。

玛丽是一个腼腆的年轻女孩，她觉得自己的英语考试成绩有失公平，但一想到要把这件事告诉老师，她就感到非常紧张。她父亲嘲弄她："有什么大不了的？教授又不会咬你，你为什么这么胆怯？放手去做吧。"所幸，那天玛丽并没有接近她的老师。因为她感觉到状态实在很差。父亲的话并没有激发她行动的力量，反倒激起了她的恐惧。接下来的几天她避开了令人紧张的父亲。她给自己时间去接受内心的抗拒，重拾信心，并思考她该如何和教授说明这件事。接下来的那个周三，她觉得自己准备好了。她更加沉着，她已经想好了跟老师说什么，虽然她觉得有些紧张，但不是太过紧张。事情进展得很顺利。虽然她没有说服教授修改原先给定的分数，但是她对自己感到很满意，因为她完成了自己计划要去做的事情。

学会平静

我发现人类的所有不幸都源于此：人们不能安静地坐下来。

——布莱士·帕斯卡

这些天我从很多人那儿听说了许多关于他们的生活多么疯狂的故事。他们的抱怨通常带有这样的描述：他们是如何疯狂地跑到这儿，跑到那儿，关心这，关心那，关心所有这一切。对我而言，最令人震惊的是我从每个人那儿听到了相同的抱怨，包括职业女性、全职妈妈、男人、孩子，甚至退休人员。每个人都在狂奔，尽他们最大可能去做尽可能多的事。为什么人们总是这么忙呢？我无法回答这个问题，但我可以告诉你，不停歇的忙碌会产生不良的后果。

忙碌和忙得甚至没有片刻的宁静之间有很大的差别。如果你把所有的时间都用来奔跑，奔波忙碌，但到最后你发现自己做得并不多，那么是时候做出改变了。如果你的思维可以和你的身体跑得一样快，并且在你还没完成这一活动的时候你的思维已经跳到了下一个活动，那么是时候做出改变了。这种四处奔波的状态给身心都带来了巨大的压力。难怪会有这么多人感到筋疲力尽、紧张和焦虑。

如果这种疯狂的生活方式对你来说很常见，请听听我下面的建议。每天给自己留点时间去保持平静。保持沉默，独处，什么事也不要做。这并非易事，而且寻求内心的安宁似乎有点儿浪费时间。毕竟，你有这么多事要做！日常琐事似乎吞噬了你所有的选择。那么，究竟迷失了什么呢？或者我应该说，谁迷失了呢？

一旦你获得了保持平静的能力，你就会感受到那段平静的时间是你每天生活中最可爱的一部分。片刻的专注能够带给你深层次的幸福感。如果你能够有足够长的时间来保持内心的平静和安宁，那么你将会体验到自己是在以一种全新的方式生活。更奇妙的是，你会非常清晰地感知到你的感觉、你的想法、你的欲求以及你到底看重什么。当然，这种新的平静也能使你的身体放松，使你的恐惧感逐渐平复下来，这简直就是最大的惊喜。试着想象你的生活将会如何不同，如果你每天能够：

- 有一个可以简简单单地待着的地方；

- 倾听你内心的声音；

- 呼吸新鲜的空气；

- 释放压力；

- 轻轻闭上你的眼睛；

- 释放不快；

- 放松你的身体；

- 欣赏内心的安宁和平静；

- 清空大脑；

- 让你的大脑保持愉悦的状态；

- 感受你身体最深处的东西；

- 欣赏你独处的能力；

- 和你自己连接；

- 成为你灵魂的挚友。

将身体动作和矛盾的思维结合起来

在某人害怕的时候告诉他不要害怕往往达不到预期的效果。试图从理智上解释恐惧也只是有可能会达到预期效果而已。一个更有效的办法是把身体动作和矛盾的思维结合起来。

练习：活动1

将你的双臂向天花板的方向伸展。现在，像个兴奋的孩子一样上蹿下跳并大喊："我很害怕！我很害怕！我很害怕！"你还是那么恐惧吗？这个练习活动最典型的结果就是爆发出笑声，因为每个人都会感受到乐观向上、生机勃勃的身体，而不会产生悲观消极的想法。简言之，身体活动可以克服恐惧，甚至阻断它。

这个活动的另一个含义是：多做身体活动练习能够帮你克服恐惧。对我而言最有效的就是，轻快地散步、练瑜伽、打网球或者跳舞。

你认为哪种身体活动能够帮助你克服恐惧？

_____

练习：活动2

让你的头部和肩膀下垂。现在想象一下你的体重比你实际的体重重一百斤，现在大喊："我太开心了，我太开心了。"就跟你做之前的练习一样，你不能强迫自己去感知你的身体没有感知到的东西。再一次，你的身体传递了一个比你的言语更大声、更清晰的信号。

练习：活动 3

想想你通常说的与恐惧或者挫败感有关的短语，然后想象一个不相容的身体动作。做这个动作。结果是什么？对拉里来说，这些话是："我再也受不了了。"当拉里感觉他已经受够了时，他通常会直接去酒窖或他的藏身处，因为他相信这是唯一能够使他感觉好一些的方法。当我要求拉里改变这个反应时，他畏缩不前。但我还是推着他向前走。他的最终答案是：唱歌。不，咆哮会是更好的方式："我必须是我，我必须是我！不管发生什么事，我必须是我！"当用力嘶吼时，拉里的手臂也一直用力摆动。

现在轮到你了。那些让你感到恐惧的想法会让你联想到哪些不相容的身体动作？

想法：_____

不相容的行为：_____

想法：_____

不相容的行为：_____

想法：_____

不相容的行为：_____

为成人寻找儿童游戏

我最大的成就就是模糊了工作和玩耍之间的界限。

——阿诺德·汤因比

孩子们肆意玩耍。他们尽情释放着自己的能量，跳跃，奔跑，起舞，打闹，滚来滚去，爬上爬下。他们信任自己的身体。他们天生爱玩。他们沉浸在节奏中，沉浸在自编歌词中，还乐此不疲地寻找更多玩闹的方式。孩子们随时可以暂停控制。但是对我们成年人来说，这太难了。我们太想要掌控某些东西了。

如果你能让"孩子"在你的心中出现并且自由地奔跑，那岂不是很棒吗？如果你能自发地、由衷地释放这种一直保持控制的冲动，那岂不是很美妙吗？相对于无休止地负责任，冒险是不是更加有意思？做个成年人，但也要让你内心的孩子有时间待在阳光下。

问自己这三个问题：

1. 什么能帮助你玩耍？

_____

2. 什么能让你自由？

_____

3. 什么能帮助你冒险？

_____

你还记得儿时最喜欢的游戏吗？对很多人而言，它可能是跳绳、玩球或者扔飞盘——某种形式的放松或愉悦的运动，能让人享受纯粹的快乐。你现在还能做像那样的游戏吗？当然，很多成年人喜欢体育运动，那是非常好的事。但是体育运动通常是有组织的，带有竞争的意味。尽管人们能从中享受很多的乐趣，但是体育运动是受控制的。以一种自发性的、少点控制感的方式来放松怎么样？如果你的家里有孩子或者宠物一起玩的话，这能够帮助到你。不足为奇，孩子和宠物能让我们感到更年轻。但如果没有这种志同道合的伙伴，那就想想你还有什么游戏可以玩。如果你在找一个可以自己玩的活动，你可以试试跳跃、拍球、唱儿歌、转呼啦圈或者跳舞。

孩子们擅长娱乐、放松，看起来傻傻的，天真可爱，让我们效仿他们吧。

运用音乐来改变你的心情

据说，音乐是天使的语言。

——托马斯·卡莱尔

许多人在唱歌、唱赞美诗、哼他们自己编的曲调，或者从听流行音乐或听古典音乐中找到慰藉。

音乐给人们的心灵带来了深深的慰藉，使人们能够在黑暗中摆脱恐惧。某些旋律和歌词能激起集体无意识的共鸣，在我们有需要的时候把我们聚集在一起，形成一个大集体。通过这种方式，音乐成了一种治愈性非常强的媒介。像慈爱的父母那样，音乐能够使我们安心，让我们的身体得以平静，抚慰我们的心灵。为什么音乐会有如此魔力呢？因为音乐能绕过我们大脑的智力部分，直奔我们的心灵。

当你觉得紧张、恐惧的时候，你可以在脑海中想象一首歌。不要强迫它——只是让一支旋律突然进入你的脑海。一些特别受人喜爱的歌曲可能深深植根于你的个人经历中。我的一位非裔美国朋友通过唱《我们必胜》来让自己放松，对她而言，这带有极大的个人意义和种族意义。要想在这些或者其他类的音乐中找到慰藉，你不需要了解所有的歌词甚至歌曲的名字。有时候可能是某个词句让你听来感觉很舒适；有时候则是节拍和旋律打动了你；有时候是一首歌中循环出现的一句话起到了疗愈效果。很多歌都能深深地抚慰——他们有很多诸如"不要担心""开心点""一切都会好起来的"这样的短语或句子，这些短语或句子重复出现，以至于听到最后的时候，你不自觉地就吸收了歌曲传递的信息。不管是什么触动了你，请相信这种无意识的过程。正如梦想不会错一样，那些触动你心灵的音乐也不会错。

相信你的直觉

直觉不是敌人，而是理性的盟友。

——约翰·寇德·拉格曼

我在临床工作中注意到的一件事就是有些人（男人和女人都是）

的直觉意识非常强，而另外一些人则压根儿不知道直觉的存在。直觉是什么？它为什么如此重要？直觉是你在没有直接运用理性思维的时候获得的知识。它是一种印象，一种感知，一种视野，你不可能完全理解它的起源。它更多地存在于你的身体内而非有意识的思维中。当你对某些事情感觉不好的时候，这是你内心的感受。如果你的直觉是对的，那么它就成了一个重要的信息源，能够告知你什么时候应该感到恐惧、什么时候不应该感到恐惧。在某一场合，它可能会挽救你的性命；在另一场合，它会使你免于担忧那些其实很微小的危险。

这些不相信直觉的人——或者不肯承认直觉存在的人——在做出好的决定方面就少了一个可参考的信息源。我并没有暗示直觉能让人规避错误或者它应该取代理性思考的过程，但我认为忽略你的身体直觉是愚蠢的。

倾听你的直觉有时候意味着关注你可能会忽视的恐惧。无数人通过相信他们无法解释的直觉来使自已免于受到伤害。

多年以前，维姬和她两个十几岁的女儿在洛基山脉靠近科罗拉多大汤普森河的一个地区露营。夜间突发暴风雨。维姬从来没有见过这么密集的大雨，她越来越担心她和詹妮以及劳拉的安全。当天气情况不断恶化，雨水浸透了她们的帐篷时，维姬很想放弃露营，直接开车回丹佛的家。但是一种强烈的、从内心深处涌出来的直觉促使她留下来。她接收不到任何有关暴风雨的广播报道——广播信号似乎已经中断——她担心这场暴风雨可能已经对其他地方造成更大的危害。尽管女儿们恳求她离开这里，但她依然坚持留在原地。她们三个挤成一团，在车里度过了一个难熬的夜晚。第二天，暴雨仍在继续。维姬和女儿们回到丹佛时，比预期差不多晚了 36 个小时，她们绕了一条远路。她们后来得知大汤普森河洪水泛滥，许多露营者都试图逃离风暴，结果近一百人在峡谷中丧生。维姬的直觉应验了。当被问到为什么她觉得待在原地是正确的选择时，她耸耸肩说道："我只是觉得它是正确的选择。"

我不想把直觉和冲动混为一谈。冲动仅仅是匆忙结束某事。而直觉是基于印象、预兆和其他通常被认为有效的概念的。有了直觉，你就不用一直了解自己为什么要做一些事情，你只需要知道自己做了这件事。或许我们有某些还未被发现的感知，或许我们有一些和动物相同的心理能力，在缺乏正式推理的情况下知道很多东西。在哺乳动物中，似乎有一些无法解释的现象。我曾经读到这样一个故事：一条狗通过吠叫警告一个女人她的宝宝已经没有了呼吸——这条狗本能地知道某些事情不太对劲。尊重你的直觉，它能够给你提供重要的信息来帮助你做出更好的决定。

练习：触碰你的直觉

准确地说，因为直觉是非理性的，所以它常常难以确定。但是通过完成以下句子练习，你可以更好地了解你的直觉试图告诉你的东西。

首先，想象一个会给你带来某些恐惧的情境。然后完成这些句子。

1. 尽管我很恐惧，但是这个情境带来的一个好处是：

_____

2. 除了我的恐惧，我还感觉到：

_____

3. 我的恐惧隐藏在：

_____

4. 当我感到恐惧的时候，我倾向于忽视：

_____

5. 当我对这一情境感到放松的时候，我可能会想：

_____

6. 我的第六感告诉我：

_____

7. 我不知道为什么，但我有一种直觉：

_____

8. 它或许没有意义，但我的直觉告诉我：

_____

当你离开你的舒适区，进入你直觉的荒野，你将发现无比美妙的风景，也将发现你自己。

——艾伦·艾尔达

解放你的身体，解放你的行动

在这一章里，我提到，通过放松身体，你可以减轻恐惧，同时也可以释放你的思想和精神。当然，同样重要的一点是，恐惧程度的降低反过来也会带来更大的行动自由。这就是我们接下来将要讨论的主题。

第11章

摆脱恐惧的行动步骤

你必须去做你认为自己无法做到的事情。

——埃莉诺·罗斯福

如果没有了恐惧，你现在最想采取的一个行动是什么？

你会向老板要求加薪吗？

你会联系一位不常联系的朋友吗？

你会去向往已久的地方旅行吗？

对于过去曾发生的误解，你能重新面对父母吗？

你会和某人约会吗？

你会参加一项新的运动吗？

如果你能克服自己的恐惧，向世界张开怀抱，你就会发现无数让人高兴和满足的经历在等着你。但是，怎样才能做到这一点呢？

易恐惧人群要跨过的最大难关之一是采取行动——不仅要思考和讨论如何战胜恐惧，而且要真正克服恐惧，去做新的事情。如果你已经开始将我在之前几个章节建议的步骤付诸实践，你就会知道它们能够产生多大的作用。现在，你可以把注意力放在摆脱恐惧的行动步骤上了。

一些人认为，在能够永远抛开恐惧的时刻到来之前，他们无法采取任何行动；一些人认为，他们必须跌到谷底才能有动力改变；还有一些人认为，变得更关注行动是可能的，但是必须要完全做到，也就是说要彻底行动，否则毫无益处。我不赞同这些极端的看法。我认为变化总是有可能发生的，它可以是循序渐进的，甚至是起伏不定的，但是它仍然有巨大的价值。采取行动并不代表你就从此不再有任何恐惧。即使这么做是困难或者可怕的，你也要采取行动。恐惧和行动之间是一种必要的、可经营的合作关系，而非对立关系。在这种关系里，你的技能会得到提升，经验会得到扩展，内在的力量也会变得更加强大。

在改变计划中，行动是成功克服恐惧最重要的因素。采取行动的能力代表着勇气和成长，而且长此以往可以减少恐惧。想象一下，你常常（甚至完全）用开放的态度迎接生活中的新经验，你的精力都用在采取行动、突破恐惧上，而不是被浪费或被限制，以至于什么改变都没有发生，那将会是怎样的美妙体验。在本章，我会提供一些可以帮助你实现这些目标的方法。

增强自身的力量

行动出真知。

——索福克勒斯

我们都知道体育锻炼的重要性（即使我们不运动）。越来越多的证据表明，经常运动有助于长期保持身体健康，使身体变得灵活而耐力十足，而且还可以将人年轻时良好的状态延续至老年，让人更加幸福快乐。如果你不在乎这些证据，仍然日复一日地保持屁股不离沙发的状态，你的肌肉就会变得软弱无力，身材也会越来越走形。

我的丈夫古德里奇是一位健康心理学家，我从他那里学到一个与增强体力的观点相似的类比。为了增强肌肉的力量，你需要采取行动激发你的自尊、自信和自爱的能力。可能你希望拥有更强的自我意识，对自己解决困难的能力更有信心；可能你希望能更自信地承担社会责任，履行工作职责；可能你想在育儿技巧方面更加从容笃定。你生活中的方方面面——气质、家庭经历、个人经历等——都会对你在这些事情上的信心产生影响。但是不管过去经历了什么，你都可以通过锻炼来增强体力。正如你可以通过锻炼肌肉来增强身体的力量、耐性和灵活性那样，你也可以通过锻炼心理的"肌肉"来提升情绪的力量、耐性和灵活性。

通过采取行动，你可以：

- 增强自信心；

- 完成你过去一直逃避的任务；

- 在你之前失败过的地方取得成功；

- 完成你以前刻意不去做的工作；

- 让思维变得充满想象力；

- 在面临挑战时变得更勇敢；

- 更有勇气面对这个世界；

- 对自己有良好的感知，觉得自己很重要。

怎么样？来做一些情绪方面的锻炼吧，振作起来，逐步处理有难度的任务，一步一步建立起你的自信心。

给自己一个惊喜

自我意识不是天生就有的，而是在选择行动的过程中不断形成的。

——约翰·杜威

尼克是一位胆怯型恐惧的建筑师，他从来没有想过要演戏。不久前他告诉我："在我的身体里没有表演细胞，只要一想到要站在观众面前，我就会感到恐惧。"但是他的朋友希拉正在导演一部社区剧院的作品，并且邀请他参加。尼克怎么可能满足他朋友的要求呢？他怎么可能会接受站在舞台上的挑战？他抗拒道："我做不了这个，那感觉像是把我带到了一个行刑队前。万一我忘记台词了呢？万一我在大家的注视下怯场了呢？"然而，当我们谈论这一情形时，尼克意识到他在那场话剧中的角色是很小的——只有两句台词，总共12个字，两个场景。在我面前，尼克问自己："我怎么会认为自己做不到呢？任何人都能演这个角色，为什么我就不能呢？"

希拉给了他很多鼓励，尼克总算突破了恐惧，迎接了这一挑战。他参与到她的作品当中，学习台词，参加排练，享受朋友间的情谊，并最终在舞台上完成得很好。他的经历能让他迎来辉煌灿烂的演艺事业吗？不能。尼克会感到失望吗？一点儿也不会。相反，他很高兴演完这个作品就不用再演了，而且他也为自己可以最大限度地享受其中感到惊讶。尼克随后告诉我："那是一次不同寻常的经历，那是我初次登台表演——也很有可能是最后一次——但是我很高兴我做到了。我从来没有经历过这样的事情，这是一次很好的经历。"

最好的一点是，尼克在这个过程中对自己有了更多的了解。他发现，最初对表演的种种抗拒，并不是曾经以为的那种深深的恐惧，而更多的是一种表面的紧张。在从准备到完成作品的过程中，他认识到即使对经验丰富的演员来说，怯场也是一种常见的现象。同时，他也学到了很多缓解紧张情绪的方法。他还发现他可以应对挑战——不同于以往他做过的任何事——并最终获胜。他不仅完成了表演，并且因一个小角色获得众人称赞。好吧，尼克确认自己成不了下一个汤姆·克鲁斯，但那又怎样呢？这并不是他所关心的。过程比结果更重要，因为这增强了他的自我意识。通过这次登台表演，尼克拓展了对自己的认知，他对他是谁以及他能做什么有了更明确的看法。尼克已经增强了自身的力量，而且这种力量可以延续至他将来可能面对的其他挑战。

无知更可怕

这是另外一个故事，怎么想都很有戏剧性。卡米尔做了一辈子的家庭主妇，她属于依从型恐惧。她认为自己是世界上最不可能学会驾驶飞机的人。她的丈夫皮特是一名商人和持证飞行员。皮特和卡米尔拥有一架用于商务旅行的四人座飞机。到目前为止，一切都挺顺利。然而，皮特却为和妻子一起飞行这件事担忧了多年：如果他在驾驶飞机时突然丧失了行动能力，在那次飞行中的他们都将以灾难性的结局收场。所以，皮特希望卡米尔能学习飞行，她不需要成为一名熟练的飞行员，只要在必要的时候有能力接管飞机并使它降落即可。

卡米尔发现这件事让她感到恐惧。她怎么可能学会驾驶飞机呢？她甚至觉得日常开车都很有压力啊。然而，她也承认，她的丈夫在驾驶飞机时可能会突发心脏病，或者出现其他的健康危机，她对这种可能性感到深深恐惧。在皮特提出要求之后，卡米尔考虑参加飞行培训，在这件事情上，她努力克服着自己的恐惧情绪。

尽管心怀恐惧，但卡米尔最终做出了决定。商务旅行是她丈夫生活的一部分，皮特并没有停止驾驶飞机的打算，坦诚来讲，她很享受陪丈夫旅行的时光。要么他们继续像以前一样旅行，打赌不会发生意外；要么她就要放宽心态，接受崭新的可能性，从而在未来能够抵御可能出现的危机。几周之后，卡米尔参加了一个飞行培训课程。她掌握了必要的技能，跟她之前想的不同，她很喜欢开飞机。获得飞行执照后，她坦言："我并没有发现飞行不可怕，在很多方面，飞行是可怕的。但是，另一方面，不知道怎么开飞机更叫人害怕。所以，我必须迈出那一步。""那一步"包含许多不同的任务，学会开飞机必须要掌握多种多样的技能。那一步也是卡米尔愿意挑战自我、构建自身力量的一步，能够加强她对自身能力的信心。

我想说的是，不管你的生活背景和兴趣如何，你都可以通过"锻炼"提升你的能力。并且，你获得的技能和诀窍越多，你的胜任感和自信心就会越多。如果你能形成勇于采取行动的习惯，这一过程就会变得越来越舒适。我的建议是，形成做有挑战性任务的习惯。这些任务不必是令人毛骨悚然的或者是有生命危险的，你没必要跳伞或者跑去尼泊尔追老虎。这些挑战可以是那些适度的、安全的事情，重要的是它们能让你对"你是谁"以及"你能做什么"有一个新的认识。尝试做一道不熟悉的菜、去认识新的人、发展一项新技能、比过去更直接地表达你的需求和关心吧。不管你做什么，请去挑战极限吧。

这里有一些关于该如何开始的建议。

首先热身，营造气氛

当运动或锻炼的时候，我们当中的许多人会在开始做正事之前找一下感觉。在我们做剧烈运动之前，我们会先换衣服，然后轻松地进入热身活动；音乐家会做一些练习音阶或其他类似的事情；情人之间会用音乐、蜡烛、性感的服饰和其他可以起作用的东西营造出浪漫的氛围。我们可以用一些类似的方法来锻炼自我的力量。几乎任何能使你集中精力或阻止你陷入担忧当中的事情都是有用的：给自己沏一杯茶、打开一盘 CD、穿得舒适一点、伸展身体、有条理地去做你需要做的事情。就像孩子们在开始写作业之前需要安静下来一样，我们成年人也需要沉下心来。

另外，在你即将投身于一段对你而言很重要的经历之前，首先要热身。如果有必要的话，可以通过许多小步骤来增强自身的力量，而不是吓人的一大步。

假设尼克（我早些时候提到的建筑师）想要开启一段业余的演艺事业，他在社区剧院中的小角色将会成为伟大的第一步，他可能会在其他当地的表演中继续饰演一些类似的小角色。一段时间以后，他可能会应对更大的挑战——上表演课、接受语音辅导、排练试演。他不仅会获得做一个演员的技巧，而且还能通过增强自身的力量减轻恐惧。用这样的方法热身，可以建立你的自信心，使你处于良好的状态。

我建议的步骤也可以帮助你增加你所能到达的地方。这来自我的个人经验。我是一名狂热的网球运动员，我享受这项比赛，并且为我在过去这几年中进步了很多感到骄傲。我从打网球中学到的东西之一是够球的重要性，即使它看起来离得太远而无法做任何尝试。

当我不遗余力地跨步、竭尽全力地伸开胳膊之后，我击中了很多球，这让我感到吃惊。我经常拿这个当例子，来处理那些让人产生恐惧的任务和活动。我建议你也这样做。你可能会认为一些你想做的事情在你的能力范围之外，但是它们很有可能离你足够近，等着你去完成。不要低估你的能力所能到达的地方，构建自身力量的一部分，就是要学会全力以赴。

找出你觉得害怕的东西

有时候，你很难知道自己需要增强哪一方面的力量。当你运动或做体能训练时，最好仔细思考一下你追求的是什么，由此你才可以锻炼需要多加关注的那一部分肌肉。当要采取行动克服恐惧时，也是同样的道理。在这一点上，本书关于恐惧的五种类型的测验会帮助到你。当你能够确定真正引发你恐惧的是什么时，你就会更容易知道需要把精力集中在哪些技能上。

·如果你是一个害羞的人，那么增强自身的力量指的是开口讲话，与他人接触。

·对控制欲强的人来说，它意味着要容忍那些你不得不放弃控制的情形——学会下放任务，减轻完美主义倾向，舍弃精心安排别人人生的欲望。

·如果你过度警觉，那么它代表着你要用更多的信赖和信心面对所处情形，少一些激动和担忧。

·对依从型的人来说，它意味着你要表达自己的需要，反思你想要什么，而不是别人想要你做什么。

·如果你是一个大男子主义的人，那么它指的是要承认你也会感到害怕，而不是用生气、恐吓或者倔强来掩饰害怕。在这一章，我会给出一些有助于弄清这些概念的其他方法。

使用虚拟现实

在过去，完成一项新的、不常见的任务，只是意味着你要出去，然后开始做它。大多数人在父母或者教练的指导下学会开车，然后开着车出去。在一些情况下，这种方法是有好处的，但是在其他情况下，则主要是坏处，尤其是当周围存在风险或者你感觉这件事有风险时。如今，在一种更加安全、更加可控的环境中去处理新问题是可以实现的。这会使很多人受益，尤其是易恐惧人群。我说的就是虚拟现实，高技术含量和低技术含量的都行。这里有几个关于高科技虚拟现实的例子，它们可以帮助你减轻恐惧，以便你获得日后能在生活中用到的技能。

学会拯救姐姐的生命

海琳的姐姐玛拉被确诊为心脏病，她一直为此感到害怕，并且很纠结，不知道该怎么做才能帮到姐姐。海琳担心自己永远都掌握不了心肺复苏术的技能，也学不会使用自动体外除颤器。如果玛拉出现心脏骤停的情况，这些技能很可能是至关重要的。另外，她也对放弃学习这些技能感到不安，这些技能可能在某一天能救回她姐姐的性命。当她最终决定参加心脏复苏术的课程时，她松了口气。因为她了解到老师是通过自动心脏复苏人体模型来教学的，这帮助海琳迅速掌握了必要的技能。她也通过电脑学习的方式，掌握了使用自动体外除颤器的技巧。课程没有她预想中那么让人紧张和吃力。现在，海琳相信自己能在姐姐面临心脏紧急状况时给予帮助。

回到驾驶座上

在纳特的青少年时期，他遭遇了一场严重的汽车事故，这使他对汽车感到恐惧，再也不敢开车。现在，在他将近30岁时，纳特觉得他必须要克服这种恐惧，否则他的职业生涯和社交生活都会遭受巨大的损失。问题是，怎样才能征服这种日积月累的恐惧，重新学会开车？在这个问题里挣扎了多年之后，纳特发现有一个驾驶员培训公司可以在刚开始时用汽车模拟器来指导他。这一设备提供了计算机模拟驾驶的机会，而不用离开训练场所。模拟驾驶的经验使纳特降低了恐惧等级，毕竟在学会开车之前，他需要鼓起勇气坐到一辆真正的汽车的驾驶座上。

一个又一个房间

诺拉一直想建造一座梦想中的房子。如今，她和丈夫弗雷迪已经有了足够的钱来实施这项工程。让他们两个都感到担忧的是，诺拉太具有操控性了，她很快便承认自己是一个完美主义者。她将为此支付给建筑师们一大笔钱，而且她的犹豫不决很有可能把他们逼疯。甚至在他们着手考虑构思方案时，她都会无数次地改变自己的想法。诺拉为这个问题感到担忧，同时她也害怕没有机会试验她对这所房子的各种想法。她通过电脑上的程序解决了这个问题。通过这个程序，诺拉能够以一种无害的、廉价的方式试验她的建筑构想。这个程序甚至创造了一座虚拟的房子，诺拉可以一间一间地巡视参观（或展示给她的朋友们）。

虚拟现实不一定非得通过高科技实现。也有很多精彩绝伦的低科技类型，其中的一些甚至比最新的电子类产品还要好，且适应性更强。

书信

马丁是一位年轻的高中科学老师，他从他的教导员那里获得了一份好坏参半的年度评估。他不介意听到建设性的批评，但是教导员的评论忽视了马丁的主要成就，聚焦在由于他们两个人的性格冲突而引发的问题上。在我们讨论马丁的年度评估时，他对这种结果表达出极大的愤怒，但是他很不愿意为自己辩护。马丁告诉我："这种发展很可怕，我想拥有教学生涯中辉煌的第一年，但是现在有一个自大的家伙想要在我离开跑道之前彻底击倒我。他的评论会直接进入我的永久记录中。"

我建议马丁采取行动，他担心的问题也许能通过与教导员面对面的交流得到解决。

马丁是一个害羞型恐惧的人，这个建议使他感到紧张："你在开玩笑吧？我？要么让我完全保持沉默，否则我就会咆哮，咒骂，并最终让自己被解雇。"

"好，你认为自己能做出那种反应吗？"

"我想是吧，但是我很害怕会适得其反。"

我们最终想出了一个计划。由于马丁害怕他的教导员，他不能亲自面对他，他决定就第一年的评估写一份书面声明。这样安排有很多好处。第一，写信可以让马丁以书面的形式认真思考他的回答，这能使他的考虑更加周到，表达也更加清晰明确。第二，它能让马丁在不被干扰和操纵的情况下回应教导员的批评，被干扰和操纵的情况可能在面对面的交流中发生。第三，作为一名员工，陈述自己的事情是他的权利。第四，除了教导员的批评，马丁的评论最终也会成为他永久记录中的一部分。

这种安排可能听起来"仅仅"是写了一封信，但是在一些重要的方面，书信写作也可以是一种虚拟现实。它允许马丁体验自己的反应，并将其形象化。马丁能够直面针对他的指责，并进行有效的辩驳。他甚至能够想象傲慢的教导员就站在他的面前，这能帮助马丁仔细去思考该如何处理将来和难以相处的人之间发生的冲突。简而言之，写信让马丁可以"在纸上思考"，想出各种大大小小的情景，确定做什么能最好地实现目标，从而有策略地澄清陈述。

其实，在这里马丁可以使用两种低技术含量的虚拟现实方法。一种方法是，这封信仅仅是为了发泄内心的怒气，而他其实不会寄出去。马丁可以写他想写的任何东西——指责，陈述需求，甚至是咆哮和咒骂。他可以把这作为把愤怒从身体系统中赶走的一种方式。这种类型的信件是发泄自己感情的一种无害的、有效的方式。

另一种方法是，把这封信作为仔细思考这个问题（正如上边提到的）的手段，并做出合理的、专业的陈述。这是真正要寄出去的那封信。显而易见的是，在起草这封信时，如果那样做有用，马丁仍然可以发泄自己的愤怒，但是后来修改过的内容——也就是最终放进信箱的成稿——应该表达出马丁的长远想法，即在对待他的教导员问题上，他想要得到的是什么。

总而言之，你可以把写信的技巧应用在很多目的上。这是释放紧张情绪和减轻恐惧的一个很棒的方法。一封信不一定需要你去寄出它，收信的人也不一定要尚在人世。写信可以是表达对某人（包括已经离世的人）感受的一种方式。在一封信中向已故的父母、兄弟姐妹、爱人或朋友释放你的挫败感可以深深地疗愈你。写日记也是如此——这是一种安全的、放松的、廉价的、高度个人化的方式，你可以在纸上发泄你的情绪，得到一些深刻的见解。

角色扮演

角色扮演是另一种低技术含量的虚拟现实的形式。在对我的患者进行心理治疗期间，我经常使用这种方式。角色扮演可以使你在一位信任的指导者的陪伴下，在一个安全、可控的环境里体验特定情景。

56岁的杰瑞已经屈服于她的恐惧，关于母亲的医疗问题和个人困难，她与她的哥哥本斗争了多年。他们的母亲克莱尔已经83岁了，身体健康情况每况愈下。克莱尔仍旧一个人生活，但是她需要越来越多的关心，而杰瑞承担了大部分照顾母亲的责任。本告诉他的妹妹，照顾母亲应该是她的责任，因为"她住得更近""她有更多的时间"。杰瑞对这两点没有异议，但是她强烈地感觉到，本主要是想用这种方式把问题推出去，避免承担任何责任。当她尝试讨论这种情形时，讨论常常演变成毫无意义的争吵。杰瑞讨厌她哥哥的态度，但是又对与他交流感到害怕，以至于她通常对他提出的所有安排妥协，这些安排总是在确定她的看护角色。

心理治疗情境下的角色扮演，给了杰瑞一种方式来发泄心中的不满，让杰瑞能够探索未来的选择，学习处理他们兄妹间冲突的更好办法。它也能帮助杰瑞变得更加自信，因为她已经明确了她的想法，并且在她与哥哥谈话之前整理好了解决方案。角色扮演的第三个益处是，她不用在一种让人焦虑和紧张的状态下开始与哥哥的互动，因为她已经事先排练了她的开场白。

总结起来，角色扮演的优点包括：

· 为你将来需要面对的情形做积极主动的准备；

· 让你对如何处理那些情形有更多的想法；

· 降低恐惧和紧张的等级；

· 为应对他人尤其是那些难以相处的人制订策略；

· 为即将来临的讨论、对话或冲突做预演。

角色扮演的一些种类也可以在团体治疗中使用。杰瑞同时参加了个体治疗和团体治疗，这有助于她体验两种不同类型的虚拟现实经历，这能使她在和哥哥对话的时候变得更加自信。首先，她选择了团体成员中的一位男士巴里来扮演本。她简单地描述了一下本的性格特征，因此巴里知道如何更好地扮演这一角色。仅仅使用一点点叙事背景，大部分人就能够在一个特定的环境里出色地模拟出另一个人可能会说的话。其次，杰瑞选择了团体成员中的一位女士诺拉当她的教练，她很佩服诺拉的镇静，当杰瑞在模拟对话中感到恐惧或忘了要说什么时，诺拉可以引导她。这两种方法使杰瑞拓宽了想法，得以练习新的交流模式，并且减轻了她的恐惧。

接触新的经验

虚拟现实可以使一个人做好应对新环境的准备，使其学会做必要的事情，但是最终你还是需要接触真实世界里的经验。尽管消防员可以通过电影或上课的方式，接受一遍又一遍的训练，可只有通过与真实火灾斗争的经历，他们才能学得更好。无论是医生做手术、律师分析案件、父母抚养孩子，还是其他处于特定领域的人做他们的专业工作，他们都需要如此。

在你开始实际的行动之前，你当然希望在自己的领域内接受足够的训练，并能因此做好充分的准备。这样一来，你就会知道该怎么处理将要面对的情形——当然，除了没有接受过训练的场景，因为有时候你不会面临那些情形。我很抱歉要这么说，但这是真的：

错误和灾难可能会发生在所有人身上。

琼记得她第一次在课堂上教孩子们的情景。在这之前她曾经辅导过一名学生，但是这和把她扔进教室里，去面对 30 名十几岁的城市学生的情形有很大的不同。琼坦承："这种情形比我想象中还要难得多。每一天晚上我都垂头丧气地回家，想着我犯过的错误。也许我不应该去教书，有几个晚上我是哭着入睡的，我觉得自己永远都无法管理一个班级。"琼非常需要冷静下来，去思考要采取什么行动。

她想到了两个解决方法：

·让自己放松。她是一名老师，她怎么能期望自己知道所有的事情呢？

·与校长和其他更有经验的老师就如何应对出现在她课堂上的纪律问题展开讨论。

没有任何东西能替代真实生活里的经验。琼最终获得了她需要的经验，成了一名很棒的老师。

引导想象

虽然我们通常不把引导想象看成虚拟现实的一种形式，但它确实是探索现实的一种方法，这一回是在你的意识里安全地进行。引导想象能帮助你想象出一个安全的地方，发展更加强大的自我。它也是消除身体紧张、净化心灵、赶走让你心神不宁的烦恼的一种非常有效的方式。

你可以想象那些能让自己平静下来、激励自己、安抚自己的画面。这是梅丽莎用来安抚自己的想象："当我感到一切都太糟糕时，我退回到一个美丽的、让人感到舒适的、装饰很漂亮的蚕茧里，它坐落在一棵高高的红杉木的树顶上，俯视着一条溪谷，因此不会有任何邻居走过来烦我。在这个避难所，我可以从任何批评或诽谤中放松下来，并保护自己。刚进入这个茧时，我通常感觉自己像一只小小的毛毛虫。但是如果给我一些时间，我就会觉得自己像一只可爱的、优雅的、敏捷的蝴蝶，我能飞到任何想去的地方，并在喜欢的地方落下。"

我经常对患者使用引导想象。他们当中的许多人发现这是一个很有效的方法，无论是对他们一直感受到的恐惧，还是他们正在与之斗争的某种特定恐惧。

在给出案例之前，我想提供一些大体的建议，让你们为这种体验做好准备。

·找一个安静和让你放松的地方来进行这项练习。如果你要努力忽略背景噪声或其他干扰，它很可能不会太有效。

·为引导想象选一个合适的时间，在那个时候你的身体不会太疲惫，不会轻易被外界干扰。

·如果你闭上眼睛进行引导想象，那会更有效。正因为如此，当你做这项训练的时候，阅读指导书并不是进行引导想象的理想方式。我给你的建议是，或者让别人用一种缓慢的、让人感到放松和舒适的嗓音为你读这一系列步骤，或者你自己给指导书录音以便随后播放。

练习：使用引导想象

下面是一个引导想象练习，它有助于缓解压力，在你的脑海中创造一个安全的空间，这将成为你未来的天堂。

1. 找一个让人舒服的姿势，闭上你的眼睛。让你的注意力远离外界事物，关注你身体的感觉。

2. 如果你感到任何不适，那就想办法使自己更舒服一点。

3. 把注意力集中在呼吸上。慢慢地吸气，缓缓地呼气，想象你的每一次呼吸就像一次轻轻拍打的波浪。当吸气的时候，聚集你的能量；当呼气的时候，消除你的压力。

4. 现在，想象一下，你发现自己身处一个让人极度放松的环境里。你以前可能真正参观过这个地方——一个美丽的海滩、一片秀丽的草地、一座宏伟的山峰——或者这只是你的心灵正在想象着的地方。

5. 花一些时间，在脑海中环顾四周的环境。你看到了什么？你听到了什么？这个让你感到如此放松的环境，它是什么样的？

6.你意识到，自己现在已经感觉到越来越放松了。你的身体正在摆脱所有曾经你放不下的紧张，大脑正在摆脱那些让你心神不宁的烦恼。你不用做任何事情，也不用关心任何事情。你要做的仅仅是把自己放在这个安全的、滋养人心的环境里。

7.让眼睛一直闭着，再一次四处观察你身处的地方。留意那些特别能抚慰人心的东西，以及那些你之前从没有注意到的东西。看看那些你观察到的、使你感到舒适放松的东西都是些什么。

8.现在，把意识放在你听到的一种特定声音上，这种声音能让你感觉平静和舒适，能让你的脸上浮现笑容。

9.你注意到，在空气中有一种让人感到放松的气味——沁人心脾的微风、馥郁芬芳的香气，或者空气本身的清澈和干净。

10.再一次慢慢地吸气，缓缓地呼气。在心里快速地浏览一遍整个想象画面，这样你就可以很好地记住它。是时候对这个抚慰了你心灵的、精彩而美妙的地方说再见了。记住，你可以在任何想回来的时候回到这个地方。给自己一些时间，回味这次独特的体验。

11.如果你准备好了，睁开眼睛，回到你现实身处的这个房间。你感觉怎么样？在这次体验中，你想要记住什么呢？

假装你不害怕，直到成功

勇气是一门艺术，即使你害怕得要死，也只有你自己知道。

——厄尔·威尔逊

这是人生最大的秘密之一：你没必要非得在内心里感觉到自信，才能让自己在表面上看起来自信。世界上很多有成就的人在实现他们伟大功绩的过程中都会感到羞怯、发抖，甚至恐惧。对许多声名卓著的演员、歌手、商业人士、政治家、教师、运动员或其他人来说，这都是一样的道理。

梅琳达是一位 35 岁的害羞女士，最近她告诉我她使用了这个方法。"我了解到，没有人会知道你的内心有多害怕，或者有多怀疑自己，除非你选择让他们知道你的秘密。你没必要大肆宣扬自己的恐惧和缺乏自信。我过去常常以为，每个人都能看穿我的不安全感。但是现在我发现，人们常常会产生误解，他们把我的害羞看作优点，把我的沉默看作有能力，这使我感到惊讶。"

事情真相是，即使你害怕得不知所措，你也能假装不害怕，而且这么做是学会战胜恐惧的一半任务。这很困难吗？可能是的。这样做值得吗？答案却是肯定的。因为如果你能够在一段持续的时间里去做做样子，你不仅能完成你想要做的事情，你也会发现，不久之后，这种佯装出来的勇气很有可能变成事实。简而言之，你可以假装你不害怕，直到你成功。

在赛斯大学毕业之后的第一份工作中，他发现老板以为他很精通一个特定的商业电子表格程序。其实，赛斯没有在任何场合说过他会这一程序，他也从来没有做过这个。赛斯很害怕这件事情会彻底显示出他的无知，并当场把工作搞砸，于是赛斯撒了一个小谎，他说他只是在一次偶然的情况下使用过这一程序。然后，他请求一个朋友在下班时间带他快速学会这个程序。赛斯迅速研究了计算机技术，所以他很快掌握了这个新的电子表格的窍门，并应用在他的工作当中，而没有让这个问题长久地困扰他。

丽兹是另一个假装不害怕，然后获得成功的真实案例。这名护士通过培训，得到了一家大型医院的管理员职位。她经常为病房护士和其他人员提供在职培训。丽兹知道自己有学识，对护理有热情，而且喜欢教学。即使如此，她也和大多数人一样，对于在大众面前讲话感到紧张，尤其是面向大于 10 人的群体讲课，更加让她感到害怕。所以，她怎样才能设法应对这个让自己头疼的角色呢？她告诉我："几年之前，因为工作需要，我得看一张自己的教学展示录像带，在录像里我们正在讨论一些复杂的护理问题。对里面呈现的内容，我害怕得要死，不自觉紧紧地抱住了自己。更糟糕的是，有人还当着我的面毫不留情地评价了这个视频，这让我感到更加难为情。可你知道吗？视频里看起来一切都在我的掌控中，但是我并没有那样的感受，你无法想象我有多紧张不安和神经过敏，你不会听到我嗓子里有颤音，也不会看见我掌心里正流着虚汗，但我猜想我是唯一一个知道真相的人。所以在那之后，我只是去做我的工作，让人们以为我一点儿也不紧张。"

假装不害怕的意义

如果你想拥有一种品质，那就表现得好像是你已经拥有这种品质了一样。试试这个"好像是"的技术。

——威廉·詹姆斯

周围的人可能不知道你正感觉到害怕。你可能感觉自己脸红了，满头大汗，或者心跳如擂鼓。但是可能其他人不会意识到这对你来说是显而易见的问题。你的自我意识让你以为自己的表现比现实更引人注目。丽兹建议道，你只需要安静地做你的工作就好。如果你同大多数人一样，你有可能是自己最严厉的批判者。让自己放松一点儿。很有可能你比你想象中看起来更好。你可能是唯一一个想让自己变得完美的人。

成功前假装不害怕让你有机会学习新的技能。随着时间的流逝和努力的付出，你可以获得很多知识，也可以发展出很多自信，这将使你感到惊讶。可能恐惧是永远存在的，但是自信也是一样啊。实际情况是，你掌握的经验和技能越多，你处理未来遇到的新问题时就会越轻松。直到有一天，那些你看起来不可能完成的事情，如今就像是孩子们的游戏一样简单。在你开始尝试之前，你永远不知道自己能做成什么。

轻微的紧张其实可以帮到你。运动员、音乐家、演员、政治人物、公众演说家和其他必须在压力下表现的人，都是由低强度的压力推动着前进的。过多的焦虑和紧张确实会对你不利，但是你有一点点忐忑不安却是对你有好处的。所以，如果你正感觉到紧张、焦虑或忐忑，不要让这种情况妨碍你——轻微或适度的压力可能会对你有益处。

预期中的焦虑通常会比你即将要面对的实际经历更糟糕。我一次又一次地听到人们说："在这次经历结束之后，它并不像我想象中的那样糟糕。"这个论述对许多经历都适用，比如学习游泳、做主题演讲、与新的朋友约会、开始一项新的工作、做陪审团成员、要求加薪等。如果能在成功之前假装不害怕，你就会获得一次超越恐惧的机会，你就会完全沉浸在手头的工作中，并不断进步。

最后一点，假装并不代表你正在做一些不好的事情，也并不意味着你在欺骗别人。它所有的意义是，你在隐藏你的不安全感，而不是把它展示给全世界。就像其他每一个人，你正走在不断成长和进步的道路上。如果你不愿意让所有人都知道你是一个新手，或者你感觉自己是一个新手，那就这样做吧。只管去做新鲜的、有挑战性的、让人感到不安的或非常可怕的事情，你会发现你的生命将从此变得丰盈。如果你一直逃避接受这些挑战，那梦想就不可能成为现实。

有时候，我会听到来访者们（也包括其他人）说"我无法想象变得……"或者"我无法想象去做……"。是的，我们很难想象做很多事情。生活中有很多方面是让人感到恐惧甚至危险的。但是，正如我所了解到的那样，想象更多，做更多，成为更好的自己，是很多人的梦想。千万不要扼杀了你的想象力。诺曼·文森特·皮尔写道："想象，是真正的魔毯。"让你的想象力始终保持新鲜吧，即使会感到害怕，也要为你的生活增添色彩。如果人们无法想象能做得更多：

· 格伦永远不会去俄罗斯旅游；
· 布瑞恩永远无法开始他自己的事业；
· 亚当永远都无法拥有一个成人礼；
· 丹尼尔永远不能组织一场募捐活动；
· 罗恩永远无法取得他的博士学位；
· 巴巴拉永远无法教人练瑜伽；
· 我永远都不会写这本书。

我的建议是：给自己一个尝试新事物的机会。你不知道自己真正要做什么？不管怎样，还是试一试吧！给自己的成长留出点空间，做到最好。当你这样做的时候，保持前进，并且假装你对自己正在做的事情感到很自信。即使你非常害怕，如果你表现得好像并不害怕，那么你的假装很可能成为事实。

第12章
做一件勇敢之事

如果人们诚实和勇敢地面对生活，他们就能从生活的经验中获得成长。性格就是这样构建起来的。

——埃莉诺·罗斯福

到目前为止，我所说的可能听起来会让人气馁。如果你从来不知道自身拥有力量，你可能会感到要增强你自身的力量是很困难的。你可能会发现，假装你不害怕直到成功，是有难度的，因为你的膝盖会颤抖。当你身体的每一个细胞仿佛都在拼命叫嚣着"我不知道自己正在做什么"时，我建议你做出的改变可能会成为一个重要的挑战。

但是，这里有个好消息。你没必要在一开始就要应对大的改变。重要的事情仅仅是，你要开始行动。要如此做的一个方法就是，应用做"一件勇敢之事"（One Gutsy Thing，缩写"OGT"）的原则。

"OGT"的概念

许多年以前，我和我的朋友佩克进行了一系列的演讲活动，这次活动由一个名叫"妇女与成就中心"的团体赞助。在我们的演讲结束后，我们采访了一位女士，询问她如何看待她的"一件勇敢之事"，并邀请她描述，她是如何鼓起勇气去做她已经完成的每一件事的。有时候，"OGT"——参会者们如此称呼——与职业技能有关，比如，重返大学学习，或者获得一份更好的工作。另一些时候，它与个人的情况有关。一名胆怯的、娇小的女士弗兰最终鼓起勇气，对抗她那大男子主义的父亲，她告诉他："当我还是一个孩子时，你没有好好对我。你没有权利对我大吼大叫、叫我笨蛋、说我很丑。你欠我一个道歉。"这段采访让很多人热泪盈眶。

这些女士之所以来参加研讨会，是因为她们意识到，尽管内心感到恐惧，但她们采取的行动是建立信任和增强个人力量的一种方法。在一屋子的人面前，她们没有用"那样做会让我感到不舒服"这种老借口来逃避重要的行动。

一个依从型恐惧的女人说："我是家里的和事佬，我从未想过要制造争端。对我害怕使别人不高兴这件事，我过去常常故作轻松地安慰自己：'我的一些朋友支持这样做，一些朋友反对这样做，而我支持我的朋友们。'但是现在，当我回顾过去活着的方式时，我看起来既可怜又可悲。我从来没有过意见，从来没有做过任何超出常规的事情，也从来没有把握过机会。我淹没在小心翼翼中，我渴望冒险。我现在为自己已经走出了很远感到自豪。"

正如恐惧有大有小，做一件勇敢之事也是如此。并不是每一个人都是从跳进水池子里开始学会游泳的，我们当中的一些人会慢慢地进入水里，有时候，一个小孩甚至一次只下一个台阶。但是，你怎样进入生活的池子里其实并不重要——真正重要的是，你确实进入了。不要左顾右盼，不要比较你和别人的差距。有的事对你来说是一件大事，对其他人来说可能是毫不费力的；其他人当作一项挑战的事情，在你看来可能只是小菜一碟。

其实，你的"OGT"可以是任何事。那些看起来勇敢的事，通常与你的恐惧类型有关。如果你是一个害羞的人，那么你的"OGT"可能是一项社交经验，比如去参加一场婚礼，在这场婚礼中，你只认识新娘或新郎。如果你是一个有控制欲的人，你的"OGT"可能与放弃控制有关，比如让你的配偶安排家庭度假。这里还有一些其他的例子：

·参加你的第一个减肥中心会议

·参加一个研究生项目

·参加一项新的运动

·面对你和你的父母/配偶/前一任配偶/兄弟姐妹/子女之间的分歧

·把你的孩子交给临时保姆

·决定进行心理治疗

·决定结束心理治疗

- 学习一种新的语言
- 开始一份新的工作
- 辞掉一份高薪但无聊的工作

艾米丽的故事

尽管在艾米丽的家里没有一个人接受过任何形式的高等教育，但她一直梦想着上大学。她的父母清楚地表示，他们不支持她的兴趣。在她读高中期间，父亲反复对她说："为什么要想着上大学呢？你应该马上结婚，并且生孩子。所以，上大学花的所有钱，都是浪费。"因为她的依从型恐惧类型，她把这些话牢记在心里。在高中毕业之后，她马上找到一份工作，结婚，并且生了三个孩子。但是，她总是因为自己没上过大学感到遗憾。

如今，艾米丽已经42岁了，她的孩子都已经长大，并且离开了家。艾米丽再次回到上大学这个问题上。她的丈夫盖瑞只是含混不清地支持，而没有做太多事情来鼓励她。她的老板对她说，如果她能获得一个学士学位，就给她涨薪水。艾米丽对大家给出的不同建议左右为难，而且她也担心自己"不适合做这个"和"可能已经太晚了"。她不确定要做什么，但是她害怕自己再次错过上大学的机会。她知道一些女性朋友已经参加了中年学位课程，她不想放弃这次机会，如果失去了这次机会，机会就再也不会有了。她说："可是，我仍然不知道该如何完成这件事，如果我拥有一份工作，一个大学的学位可能会占用我至少8年的时间！我真的能去做吗？我们支付得起这笔费用吗？"

"为什么不从一门课程开始呢？"我建议道。

"仅仅一门课程？能这样做吗？"

我告诉她："是的。你不需要在一开始就被录取，你可以在这学期选修一门课程，看看你是否喜欢它。"

这个信息让她变得勇敢起来，艾米丽联系了当地的社区大学，得到了一份课程目录，并通过探索，最终选择了一门课程。结果，大学比她想象中要更加灵活，这里有网络课程、夜读课程、生活体验学分，以及为成人学生群体设置的其他选项。第一门课程结束后，她又开始了另一门课程。不久后，艾米丽制订了一个计划，打算以一种循序渐进的方式取得她的学位。现在，成功已经近在眼前：她只需要再用一年的时间，就可以拿到企业管理的学士学位。

恐惧和沮丧

这是另一个例子。里奥的老板马修让他感到越来越沮丧了，因为马修的脾气很容易失去控制。里奥一直设想着要对抗马修，但他犹豫不决，他害怕会因此失去工作。他曾告诉我："我需要做些事情，但是我不知道那些事情中哪些是我应该做的。"让问题更复杂的是，里奥的哥哥嘲讽他的被动态度，并斥责他让马修"像使用一块擦鞋巾"那样使唤他。这种情形给里奥带来的紧张和焦虑，开始变得让人难以承受。

我想说里奥的情况如果有一个简单的解决方案就好了，但并没有。我完全不能确定会发生什么。但是我确定，里奥会在一系列挫折里备受煎熬，直到他决定采取某些行动。他会同时处理所有的情形吗？可能不会。即使他突然决定要这么做，我也不确定那会是一个好主意。如果决定做"一件勇敢之事"，那可能会是一个好主意，而且会有很重要的意义。

这可能需要一种或多种不同的形式。他可以参加心理治疗，学习怎样变得更有反抗性；他可以参加一个自信心训练课程；他可以请求和他们公司人力资源部门的工作人员谈话；他可以选择找一份其他的工作。每一个选择都有利有弊。然而，可以肯定的是，如果里奥什么都不做，他会感到越来越沮丧。这类情形让我关心的一点是，习惯性避免行动的风险。正如我们在这本书中所讨论的那样，有时候人们会因为他们太害怕或太紧张而不敢采取行动。长此以往，逃避变成了他们的应对方式。从短期视角来看，逃避是偶尔的策略，有时候自有其优点。但是，从长期视角来看，逃避如果变成了习惯性的策略，则会带来更多意想不到的缺点。

如果你认为自己没有准备好

不要对你的行为过于胆怯和拘谨。所有的生命都是一个实验。你做的实验越多越好。

——拉尔夫·沃尔多·爱默生

我建议你使用回避策略以外的另一种方法：你必须采取行动，

尽管感到恐惧——有时候甚至是因为恐惧。你可以承认："这种情形让我感到恐惧。我害怕可能会发生什么，我讨厌自己感到如此紧张。但是，不管怎样，我都要采取行动。"使用这个方法意味着即使你感觉恐惧，它也不会支配或控制你的行为。

可能你仍然感到不确定——你认为自己没有准备好做这些以行动为导向的事情。也许你是对的。但是，在你关上"做一件勇敢之事"的大门之前，请思考以下一些问题：

· 如果你对明天会发生什么感到害怕，为什么不在今天做一些使你感到更自信的事情呢？

· 如果你害怕对孩子过于强势，为什么不参加一个亲子教育课程呢？

· 如果你害怕长途旅行，为什么不进行一次短途旅行呢？

· 如果你对问路感到恐惧，为什么不尝试友好地询问别人，看看会发生什么呢？

· 如果你害怕在公共场合学习新的技能，为什么不买一本傻瓜系列的计算机图书，先自己探索着学习呢？

· 如果你对家里的每一个人都管得太细，并害怕放弃这种监管，为什么不尝试着让他们自己处理一件事情呢？

· 如果你对婚姻咨询感到恐惧，为什么不尝试一次，看看会发生什么呢？

· 如果你害怕亲密行为，为什么不向你感觉亲近的某个人吐露出来呢？

·如果你害怕在社交场合失态，为什么不故意犯一次错，来看看结果是不是真的很可怕呢？

·如果你对戒烟感到恐惧，为什么不试着戒烟一天呢？

·如果你害怕打一通重要的电话，为什么不在打电话之前，预演一下你的开场白呢？

·如果你对死亡感到恐惧，为什么不试着彻底活在今天呢？

做"一件勇敢之事"不会让你放下所有的恐惧，然而，它可以打开一扇被锁得太久的门。一旦那扇门被解锁，你就可以打开一条缝，然后一路绿灯前行，进而把门打开得更宽一点。从那里开始，打开别的门就不是那么困难了。步入其他方面，探索外面更大、更美丽的世界吧。

从儿童故事里学习

我经常使用隐藏在儿童故事里的信息来强调一个重要的点。每一个优秀的儿童故事，都有一个发人深省的主题，不管对成人还是对儿童都一样。这些故事在很多层面都有意义。一个儿童可以理解故事的表面信息，而一个成年人可以探索更深层次的意义。

我最喜欢的儿童读物是《绿野仙踪》，弗兰克·鲍姆的这本经典书有一个中心主题，那就是每一个主要人物都在寻找自己没有的东西。多萝西在寻找一种归属感（或者一个家），稻草人在寻找一个大脑，胆小怯懦的狮子在寻找勇气，铁皮人在寻找一颗心。他们不知道如何才能得到他们想要的，所以他们寻找更聪明的人，以得到他们想要的东西。但是，不管他们多么有礼貌，怎样恳求，或者有多难过，奥兹国的魔法师都没有满足他们的愿望。相反，他把他们传送到世界其他地方去完成任务——带回邪恶的西方女巫的扫帚柄。

现在，让我们回到这个故事里被许多人忽视的部分。一直在寻找归属感的多萝西，是让所有人都团结在一起的那个人；稻草人没有大脑，却想到了计划；胆小懦弱的狮子没有勇气，却带领着一群人冒险；没有心的铁皮人，在满怀关爱地照顾着别人。因为这四个角色中的每一个都在做"一件勇敢之事"，他们变成了他们想成为的样子。

但是，他们还是没有完全如愿，所以他们重新找到魔法师，请求他信守承诺。魔法师也只是一个人，而不是真正的魔法师。他为他们每个人画了一个符号：给多萝西的，是她回家后需要采取的行动；给稻草人的，是一张毕业证书；给胆小怯懦的狮子的，是一枚勋章；给铁皮人的，是一颗心。魔法师向四名旅行者强调，这些符号并不是真正的东西，它们只是一种提醒，提醒他们是通过自己的努力才得到了他们想要的东西。一张毕业证书不会使你变聪明、纸做的心不会使你充满爱心、一枚勋章也不会使你变勇敢……当这些人完成了他们的任务——当他们采取了行动——他们才获得了勇气、聪明、智慧或归属感。与流行的观点相反，鲍姆的观点是，那些东西不是我们内心自始至终拥有的，而是存在于我们内心的潜力。当我们采取行动的时候，我们就激活了潜能。

许多儿童读物和青少年读物都在传递着这个信息，那就是通过采取行动你可以克服恐惧并且战胜逆境。毫无疑问，你在童年时期有自己喜爱的儿童故事，想想那些书都是什么，你从里面获得了哪些信息。那些信息曾经让你征服恐惧，提升了你的责任感，如今，你认为那些信息对你仍然有用吗？

尽管一些人会认为儿童时期读的书仅仅是他们个性形成时期的一个部分，然而，正是那些书使他们变得充满力量。我们记住的故事，变成了心理结构的一部分，他们教给我们重要的价值观，让我们敞开心胸接受新事物，并且鼓励我们相信自己。我强烈建议你重读那些在你童年时期（或你教育自己孩子的那些年）曾引起你共鸣的儿童故事，用心去读，并在其中找到力量。

练习：从你的旧日所爱中寻找信息

回答以下三个问题：

1. 当你还是个孩子的时候，你最喜欢的书有哪些？

_____

2. 对你来说，这些书传达的主要信息是什么？

_____

3. 你认为那些信息和你现在的生活有什么关系？

_____

对朱莉来说，她已经记不起在她还是孩子的时候读过的最有意义的一本书的名字了。书中讲的故事是，一个小女孩想要玩棒球，但仅仅因为她是一个女孩，没有人允许她玩。在这本书中，除小女孩之外，其他人都认为女孩子不能玩棒球。所以，这位主角把她的长头发藏在棒球帽里面，最终还是去了球场。她和男孩子们一起练习，并在游戏中表现得很好。当一场大的比赛来临时，她挥棒出击，并打中了一个大球。当她飞奔过三垒时，她的帽子掉了下来，露出了里面的辫子。尽管如此，在场的每一个人却都在为她欢呼鼓掌，掌声久久不停。

朱莉很喜欢这本书，不仅仅是因为故事本身，还因为里面传达的信息。朱莉是一个聪明而胆小的女孩，她厌恶在成长过程中要面对的所有障碍。这本书里的信息鼓励着她：不要让任何人告诉你你不能做那些对你来说至关重要的事情。如果你想要一些东西，就努力去争取它。那些在今天试图阻止你的人，一定会在明天祝贺你。

采取行动的更多建议

要想完美地完成某件事，唯一的方法就是通过经验，而经验是人给自己的错误取的名字。

——奥斯卡·王尔德

这里有许多采取行动的其他方法，这些方法可以帮助你克服恐惧，获得新的经验并扩展生活的宽度。这里是一些其他的建议，我希望能对你有所帮助。

故意用不同的方式做事

请证明给自己看，你可以通过有意改变完成任务的方法和时间做些不一样的事。改变你的常规，制定一条新的路线；以一种与众不同的方式对别人的批评做出回应；对你经常回答"不"的事情说"是"。当你的一切一直处于掌控之中时，生活是可以预测的，是安全的，同时也是无聊枯燥的。看看你是否能够冒险，让一切脱离控制。大多数事情都会好起来的。在很少数情况下，不好的事情会发生，但无论如何，你要相信你能够处理它。这种经验会让你变得更强壮、更聪明。

有时候，即将到来的情形看起来是那么危险，以至于你丝毫不能想象该如何应对它。但是，不以"全有"或"全无"的方式看待事物是非常重要的。看起来可能使人担忧、呈压倒性态势甚至是不可能完成的任务，其实可能是你可以改变而且更容易管理的事情。

为了减轻恐惧，有时候仅仅改变环境就能起到意想不到的效果。当杰克和他的家人在科德角的特鲁罗度假的时候，他意识到了这个问题。尽管杰克擅长游泳，海滩汹涌的海浪却使他感到惊恐。他也讨厌冰冷的北大西洋，他曾在北大西洋的水里冻僵过几分钟。杰克有两个孩子，一个10岁，一个6岁。当他想象他的孩子在海滩上玩耍，可能会有危险降临在他们身上时，他感到非常担忧。因此，他的不适感愈演愈烈。杰克的惊恐很快使他痛苦不堪，并且让他家里的其他成员感到难过。

杰克对自己以及对孩子安全的担心，并不是完全没有理由的。北大西洋的水是寒冷的，而且海角的海滩以不可预测的洋流和暗波闻名。即使如此，他的严重恐惧也已经很明显地干扰到家人在度假期间的好心情。在评估了这些事项之后，杰克和他的妻子想出了一个替代方案：他们可以从海洋海滩转移到科德角湾附近的海滩，特鲁罗的海角不是很宽，所以很容易就能开车穿过这短短的距离到达另一边。那里的情形满足了杰克的需求：这里的沙滩更平坦，海浪更温和，水也温暖十来摄氏度。杰克发现，在这种不具有挑战性的环境里，他放松下来，不再那么忧虑了，并且很快就享受其中。这里的沙滩也让他的孩子们感到开心，因为他们可以在不太严格的监督之下玩耍。

认识到大多数的情况不是"非此即彼"很重要。你可以灵活一点，你没有必要在承受所有的负担和全部扔掉它们之间做出选择。如果杰克只关注"非此即彼"，他要么会破坏掉整个海滩假期，要么必须咬紧牙关，在让他感到恐惧和不舒服的活动里忍受痛苦。与此相反，他和他的妻子改变了特定情况：他们选择了一个不同的海滩，在那里他们能感受到更多的生理舒适感，同时也降低了风险。

不要只是希望——让它发生

恐惧有多少次阻止了你采取行动去做自己想要做的事情？当莱拉发现很多年来我一直在写一个专栏时，她伤感地说："我希望我能有你的天分，我一直对写作很感兴趣，但是我认为自己没有创造力——我真的很不擅长表达我自己。"

"如果你要写的话，告诉我你会写些什么。"我回答她。

"我想告诉你我的秘密，"莱拉说，"在我的心中有太多的东西，它们渴望爆发出来。我真的应该把我的思想写到纸上，但我是一个非常敏感的人。我很害怕即使自己尽力了，我写出来的东西也会立马被别人贬得一文不值。"

我对莱拉深感同情，因为我知道她和其他许多人一样，由于两个理由而限制了自己的行动——害怕失败和对批评高度敏感。

我让莱拉回想，当她还是个孩子的时候，她是否具有创造性。她的行为举止马上发生了改变。她说："嗯，是的。我和我的妹妹有很多趣事。有时候我们盛装打扮，像贵妇一样喝茶；有时候我们表演《欢乐满人间》的故事。我们总是探寻新的体验。"

我注视着莱拉，想知道如果她不是那么害怕别人对她作品可能做出的糟糕评价；如果她虽然感到害怕，但依然采取了行动，而不是让害怕限制行动；如果她不羡慕别人取得的成就，而是把那些精力都转移到努力实现自己的成就上来，她现在会是怎样。

因为人们不采取行动，许多天赋、兴趣和愿望都枯萎了。相比回顾往事，并且因为没有做你想要做的事情而懊恼自责，使"本应该那么做"变成"我很高兴自己做了这件事"怎么样？我知道一些人，他们因为采取了行动去实现自己的愿望，如今变得非常幸福。

· 桑迪的愿望是弹钢琴。
· 马克希望能在合唱团里唱歌。

· 桑依渴望能与她的外孙亲近。

· 罗伊希望找到她 33 岁的女儿，她在女儿刚出生时放弃了她，让别人领养了。

· 亚历克斯渴望能在哥哥去世之前与他和解。

· 伦尼迫切地想找一份更好的工作。

你的愿望是什么呢？

许多人担心他们有不足之处，担心事情会有难度，以及当他们考虑参加新的活动时，他们会彻底失败。他们害怕陷入困境，或者把自己变得像个傻瓜。他们反复猜想着在每一次新的尝试中可能会发生的每一件不好的事，这使得他们在采取一个简单的步骤之前，便让自己陷入无边无际的揣摩猜测的沼泽之中（"我会掉球。""我学不会这些材料。""我会做错的。""我可能会口吃／失去我的站位／忘记我的台词。""我会让团队失望的。""在压力之下我会崩溃的。"）。我给你的建议是，与其让你的借口操纵局面，不如给你的新行为一次机会。如果你认识到以下这几点，它就不会像你想象中那样难：

· 无论你担忧的问题是什么，它很有可能不会发生。

· 如果这项新活动的某些方面进展得不顺利，那么它也可能不会很糟糕。

· 即使情况很糟糕，你也能熬过去——一切都会过去，你将从经验中学习，并继续前进。

继续前进的建议

如果只有美好的事情发生在你身上，你就不会勇敢。

——玛丽·泰勒·摩尔

有时候，我们会有避免行动的倾向，因为生活似乎是不公平的。好吧，生活当然是不公平的。可能你没有其他人拥有的一些优势，或者你缺乏朋友们拥有的无所畏惧的本性。但是那又怎么样呢？同历史上以及当今世界上的大多数人相比，总的来说，只要有一次很好的机会，你的余生都会有好运相伴。你可能生活在一个乡村，在那里你不能大声地说话，不能接受教育，也不能随心所欲地旅行；你可能生活在贫困之中，或者你可能遭受了政治迫害、严格的种族主义和性别歧视。我之所以强调"不公平"这一点，是因为片面的视角可能会让你犯错。有这样一个风险，那就是你可能会花太多时间在愤世嫉俗上，以至于在你真正开始之前，你就会放弃采取行动。

我的建议是，前进，并且到实践中去学习。基本上所有新的任务都需要真情投入。在很多（可能不是大多数）情况下，有人会帮助你开始，并且鼓励你。相比你可能对自己的表现吹毛求疵，人们更有可能给你指点迷津。所以，我建议你深深地吸一口气，不要把注意力集中在你的恐惧之上，仅仅是开始行动。这条建议适用于运动、公众演讲、跳舞、工作、志愿者活动、学习新科技等几乎所有的事情。

练习：依兴趣行动

1. 写下你想依此行动的一项兴趣、天分或愿望。即使你不太确定那是什么，也写一些东西下来。

_____

_____

2. 写下你可能会做的一件事（不要想，要做），以延展你的兴趣、丰富你的天分或者满足你的愿望。就写作来说，那可能意味着你要参加一门写作课程。就制造一段更加亲密的关系而言，你可能要设定一个约会的时间，或者写一封真心实意的信。

_____

_____

3. 现在，想象一下，你真的完成了你写在问题2中的事情。试想，你采取了行动，即使那很艰难、很让人恐惧，或者那比你认为的要更有难度。想象一下你自己正在学习、正在蒸蒸日上并且正在做你感到害怕的事情的画面。如果你完成了试图去做的事情，那感觉如何？写下来。

_____

_____

4. 你要怎样鼓舞自己，以便让自己坚持走已经开始行动的这条路线？

_____

5. 如果你继续走这条行动路线，直到你最终得到了自己想要的，你认为自己那时的感觉会如何？

6. 现在，想象有一些事情在你成功之前阻止了你采取行动或继续行动。那么，可能会阻止或限制你行动的事情是什么？

▲

如果你认为是你自己阻止了自己，因为：

"我没有做那件事情的时间。"

"我没有做那件事情的金钱。"

"我没有做那件事情的精力。"

"我没有做那件事情的天分。"

"我不知道该怎样做。"

把这些从你的清单上画掉。即使他们当中有一部分是真的，它们也不是真正的原因。正如玛丽莲·梦露所说："我不是最漂亮的，我不是最有天分的。我只是比任何人都想要成功。"

▼

7. 更深层次地挖掘信息，找出妨碍你进步的真正恐惧是什么。把它们写下来。

_____

_____

8. 现在，写下一些能够鼓励你跨越恐惧而不是强化恐惧的肯定话语。对莱拉而言，她的恐惧是："我还不够好；我表现得就像个傻子。"她的肯定话语是："我可以对自己有耐心，我会越来越好；我没必要让自己变得完美。"

_____

_____

▲

区分尝试做某事和真正做某事

当人们做事情感受到阻力时，他们通常会说，他们会尝试着去做这件事，而不是采取行动去做它。阻力通常掩盖了某种恐惧。不能在这两种方式上做区分，可能会让你对最好的打算产生混淆。

在公司裁员时，杰森和加布两人失去了工作。自从裁员发生之后，杰森一直在"试着"寻找一份工作。他在网上以及分类广告上寻找，但是没有找到让他感兴趣的内容。加布更新了他的简历，在一周之内寄出去十份；与同行们进行网络社交；准备面试，并且阅读了两本关于如何有效自我营销的书籍。注意两人行动上的不同。杰森仅仅是试着去做某件事——一个模糊的、通常是无效的概念——然而加布却采取了具体的、积极的措施来解决他的就业问题。我的建议是，区分你尝试做什么和你真正做了什么。

确实会有一些事情，你尝试着去做了，但是没有完成，这是合理的。记住，要把你自己从结果中解放出来。本想邀请丽萨出来约会，他可以尝试着让她说"好"，但是他不能让她说"好"。当你采取了行动，但是结果并不完全在你的掌控之中时，尝试是一个合理的概念。如果你的尝试是只想不做、三心二意地做或者不遵守承诺，那么你在这个世界上的所有尝试都不会使任何事情发生。

练习：不要只是尝试——去做它

1.有哪些行动你明明觉得很有用，但是不知为何，你总是回避它们？

_____

2.注意你回避行动的方式。也许是这样，你相信自己在试着做这件事，但是你没有做出行动的计划；或者你可能会说，你以后会做这件事，但是以后永远不会到来；又或者你可能没有对自己说你要去做这件事，你说你可能会去做这件事，以及你希望自己能做这件事。注意，你正在使用大量尝试性的、不确定的词语。请写下你回避行动的最熟悉的模式。

_____

3.在回避行动的背后，你到底在害怕什么？当你回避了某种行动时，你对自己的感觉如何？

_____

4. 重写你在问题1中的描述，使它更明确和以行动为导向。清楚地描述你要做什么、你什么时候做这件事和你怎样做这件事。

_____

5. 如果你最终落实了你的行动，你认为你对自己的感受如何？它会对你的自身力量产生怎样的影响？

_____

▲

下面是罗伊做这项练习的例子。

罗伊在女儿刚出生时放弃了她，让别人领养走了。现在，她想找到这个已经长大的女儿。她使用这项练习，是为了明确她可以采取什么行动，而不是仅仅尝试做这件事。

1. 我想联系以前那家领养机构。

2. 我一直在说，我以后会做这件事，但是以后永远不会到来。

3. 我的恐惧是，如果我找到了女儿，她会拒绝我。这件事让我感到非常害怕。但是，当我一直在敷衍拖延的时候，我感到自己很没骨气。

4. 如果我要明确我的描述，我就会把它变成："我向自己承诺，我会在这周结束之前给那家机构打电话。"

5. 如果我做了这件事，我就会对自己感觉非常好。你谈到的那种自身力量会被加强。如果我打破了我的恐惧之墙，我就会照照镜子，看看这个有行动力的女人。

采取行动不会解决所有的问题或处理所有的矛盾，可不管怎样，它通常能帮助你从一个充满抱怨的环境，转移到一个注重解决问题的环境。在抱怨模式下，你可能觉得自己像一个受害者："我不能得到一份工作。""我不能与她谈话。""我不能保持平静。"但是，当你采取行动的时候，你进入了解决问题的模式："我正在见一位职业咨询师。""我参加了一个自信心训练课程。""我报名参加了一个瑜伽班。"当你采取行动的时候，你可能并不总能得到你想要的东西，但是它至少能让你找到正确的方向。

使用矛盾的力量

有时候，你会尝试去改变一种生活模式，但可能丝毫不起作用。这些尝试甚至可能让生活更加糟糕。在这些时候，最好是承认矛盾的力量。

矛盾是一种互相对立的论述，但这的确是事实。以下是一些例子：

· 你没有做任何事情的那一天可能比你真的很忙的那一天感觉更累。

· 你越清醒，受的教育越多，你可能就越会感到无知。

·你越想控制别人，你可能就越会感到失控——而且真的会变成这样。

·在深水中，花费所有的精力使自己保持漂浮状态，比放松自己的身体更有可能溺水。

·努力让别人喜欢你，但是他们不见得喜欢你；只是做你自己，别人喜欢你的机会可能就会提高。

当你感到惊讶、恐惧，不知道还能做什么的时候，矛盾思维的力量特别有用。

玛丽总是高度警觉，最近她遭遇了三次强烈恐慌。每一次她的情绪反应都让她感到尴尬和沮丧，以至于她不得不找借口离开工作。第二天，她会编造一个胃不舒服的故事。她担心如果同事们知道她是多么焦虑，他们会不能理解她。从表面上看，她似乎是一个很自信的人。

但是，玛丽的处境逐渐恶化了。她越想要在工作中克服恐惧，她就变得越恐惧。在这种情况下，我建议她，下次她和同事们在一起的时候，她应该刻意尝试着去经历一次一直影响着她的恐慌。

她的反应很强烈。"你的意思是什么？"她问我，"这太疯狂了。我害怕恐慌发作，然而你想让我自己制造一次恐慌。"

"对啊，"我回答说，"只需要事先计划好你的恐慌发作，看一看会发生什么。"

正如你可以想象到的那样，玛丽非常惊喜。当她不再需要努力尝试避免恐惧，而是让自己顺其自然地去控制恐惧时，她放松下来，并且开始感到更加自在。

如果你继续在自己不能解决的问题之中挣扎着，可能是时候使用矛盾思维的方法了。停止使事情变得更好的尝试，看看你是否可以反转方向，让问题顺其自然发展，而不是反抗它。

保持简单

这是一份简单的礼物，这是一份随手可得的礼物。

——《简单的礼物》歌词

很多容易恐惧的人，担心许许多多的事情可能会出错，或者最终会让人恐慌，他们常常因此崩溃。吓唬自己最可靠的方式是把世界上所有潜在的问题堆在一处。然而，你应该有意地限制自己要面临的意外事件的数量，让事情变得简单。

我喜欢小数字，尤其是数字 1、2 和 3。有很多实例证明，尝试同时管理超过三件事情会制造不必要的压力。为了组织好我的生活，在我的优先级列表上，要做的事情很少超过三件。通常，三件事情就算很多了。

仔细听以下两个情节之间的不同：

情节 1："我总是一天到晚地奔波，尝试去完成许许多多的事情，而且我总是忘记一些事情。在忙碌的一天结束之后，我丈夫通常又会丢给我一件或两件事情去做。事情太多了。让地球停止转动吧，我想摆脱这一切！"

情节2："今天我安排了自己想要处理的三件事情。第一件事情是X，第二件事情是Y，如果我还有时间，我就看看自己是否能做Z。当我回到家，如果我的丈夫有一些其他的事情需要我做，我会把它放在明天的计划表上，或者我会督促他完成自己的事情。"

情节1让所有要做的任务完全开放，你对所要处理的事情没有一点限制。对比而言，情节2为一天创造了一个很好的平衡，你没有把自己逼疯，或者表现得好像日程表上的每一件事都是紧急的。你能做到的事情，你就去做，剩下的随后再做。

井井有条

失序的、混乱的、迷惑的、散乱的、杂乱的……这些词之间有什么共同之处呢？它们都指向困惑、混乱和慌张——一杯恐惧鸡尾酒的好原料。如果你生活的空间是混乱不堪的，你找不到你的物品，你想象到的结果会是什么？你说得对，是不安、紧张、担心、恐惧。或者像阿曼达说的那样："我失去了身边所有的东西，我不能与任何东西保持联系，不能睡觉，不能完成任何事情。"

如果你想在自己采取的行动中获得成功，你必须培养让一切井井有条的能力。这显然是一个复杂的问题，它涉及许多事情，包括从混乱中创造秩序，在无计划状态下制订计划，为梦想设定目标。不管怎样，在这里我想强调的是，你没必要做一个清洁狂，但是太多的混乱、太多的干扰和太多的突发事件会浪费你的精力，并且毁了你的计划。

所以要诚实。如果你行动力的缺乏至少有一部分是由于缺乏组织性所造成，那么是时候有条理地进行筹划了。

对生活的可能性保持开放的心态

采取行动战胜恐惧不是一步就能到位的事情，每一天都会有开始新活动的可能性，请不要让控制支配你的行为。如果你在所有的不确定因素被解决之前始终保持等待的姿势，你就会永远等待。对生活的可能性保持开放的心态，意味着你可以采取行动，即使你感到恐惧。正如圣·弗朗西斯·阿西西所说："从做必要的事情开始，然后是可能的事情，突然间你就做了不可能的事情。"

第三部分

恐惧之后的生活

第13章

恐惧者的变形记

我认为现代世界里最重要的不是我们所处的位置，而是我们前进的方向。

——奥利弗·温德尔·霍姆斯

听听玛丽莲如何描述她那漫长的改变之旅——自从使用了我的恐惧改变计划，她生活的方方面面都发生了变化。

那时我不敢承认自己的恐惧。现在我知道了感觉并没有所谓的正确或错误，它们就在那里，它们自然而然地发生了。

那时我很焦虑，因为认为一切都需要尽善尽美。现在我知道"足够好"就已经足够好了。

那时的生活让我筋疲力尽，我很紧张，总是担心会出什么差错。现在我知道生活充满了惊喜。我无法阻止意外的发生，所以为什么要忧心忡忡呢？

那时，我常常装腔作势地取悦别人，从来没有想过我想要什么。现在我至少会去考虑自己想要什么，我现在不再像从前那般愤恨，真的感觉好多了。

那时，我想象中的所有恐惧都比我经历的任何现实更糟糕。现在我不期望灾难会在将来的任何时候降临到我的身上，但是如果它的确降临了，我相信自己一定能够应对它。

那个时候，我喜欢看悲剧和恐怖故事。现在我知道这些节目对我的健康是有害的，我只会在有限的时间内看这些。

那个时候，我犯了思想上的错误，我把丈夫想象成一个能够在危难时刻救我性命的超级英雄。现在我知道，我不需要超级英雄，我不需要被救。当然，我和丈夫彼此关注和关照，这点是让我感到振奋和鼓舞的。

那个时候，如果可以度过一段疯狂自由的时光，我的想法就是泡在按摩浴缸里。现在，我期待着一次跨国旅行。

那个时候，当我的儿子飞往世界各地的时候我会一直担心他的安全。现在我知道，无论我多么想保护他，我都做不到一直陪在他身边。我得让他过自己的生活，他现在很开心。我也开始过属于我自己的生活了。

那个时候，我总是力求稳妥。现在，我不再害怕坐到大树枝上了。那儿的水果真是非常美味。

那个时候，我觉得自己在生活中的选择很少。现在我相信自己可以得到的机会一直都在。

那个时候，我害怕死亡。现在我忙到根本无暇顾及我的生命将会在哪一天结束。

在你掌控了恐惧之后，生活将会如何不同

玛丽莲描述了她的生活是如何改善的，她说自从恐惧不再主导她的生活之后，她体验到更多的满足和愉悦。我从很多人——那些采取了他们曾经认为不可能的措施的人，那些从极度的恐惧中走出来的人，那些对他们在日常生活中发现的新体验感到满意甚至惊讶的人——那儿听到过相似的描述。

通过运用在这本书里面学到的技巧，你也能够像玛丽莲一样让你的态度和行为发生重大的改变。你甚至可以达到这样一点：你觉得自己整个性格结构都发生了变化。你可以达到这样一个境界：你对恐惧的反应与之前截然不同。

这些变化意味着你不再感到恐惧吗？不！我从来都不希望你这样。恐惧是一种必要的情感，它对你的安全至关重要。然而，我真正希望看到的是，你不再活在恐惧之中；你更愿意冒险；你的生活变得更加丰富、快乐、充实和无忧无虑；你的微笑更多，忧虑更少。并且，在恐惧的确发生的时刻，恐惧不再像之前那般让你无比紧张，它知道该在什么时候离开。

此外，随着时间的推移，我希望你能学会迎接变化，而不是让它吓到你；我希望对于即将到来的事情你能期待美好的结局，而不是自动化地相信会有一个糟糕的结局；我希望你能够和那些不像你

这般容易恐惧的人接触，并把他们当作学习的榜样，他们的平易近人、冷静可能会对你产生积极影响。

总而言之，我希望你能驾驭自己的恐惧，如此会让你的生活产生重大改变：拥有一种生活的新方式。

当你巩固、复述、强化你所学到的知识的时候，你会对自己的成长感到骄傲，你会对你做出的改变感到高兴，你还会对你的未来满怀期待。你会乐意应对充满挑战的情境，你会对你所学到的东西充满感激，你会对自己充满信心，你会更愿意冒险，因为冒险的结果常常令人满意。

恐惧后的生活

把人分为"拥有自信的"和"感到恐惧的"是很具引导性的，因为这些标签暗示了人们现在以及以后是什么样的。我们通常在一种状态下开始，但最终以另一种状态结束。对我来说如此，对其他人来说也是如此。我们有能力改变，我们能够学习新的生活方式，我们能够把恐惧抛在脑后。

下面是那些经历过转变的人的故事，他们经历了从恐惧和自我怀疑到充满勇气和自信的过程。在他们的故事中，他们谈到什么导致了这种前后差异、什么促使他们去改变，以及克服恐惧的生活方式是如何改变了他们自己。

安琪：过去的样子，现在的样子

在孩提时代，我害怕很多事情——特别是我的父亲，他是一个容易生气的、有暴力倾向的人。这种恐惧主宰了我的生活，使得我害怕表达自己，害怕独立做决定。如果有人对我感到生气，特别是一个男人对我生气的话，我会怕得要死。如果不是那次成为我人生转折点的创伤经历，我恐怕会一直生活在这种状态中。

有次下班后，我走向停车场，边走边思考今天有什么不对劲的地方。当我转头的时候，清楚地看到有个疯子在我身后。我当时吓坏了，完全不知所措。我愣住了，说不出话来。我甚至不能大声求救。幸运的是，他只是抢了我的钱包然后就跑掉了。事情发生得非常迅速。后来当我向保安报告这件事时，我非常恼火，因为他们暗示这件事可能是我的过错。

我决定不再让自己陷入那种无助的、脆弱的处境。我做了两件对我的人生有重大意义的事情。我在一位充满自信、关爱的心理治疗师那里接受了系统治疗，他也成了我学习的榜样。他帮助我理解我和父亲的关系是如何影响着我，使得我在本应坚定、自信的情境中变得悲观消极。我做的第二件事就是参加女子武术课程。我还不至于天真到相信自己能打败任何攻击者，但我的确相信我从课程中习得的技巧和态度能让我变得自信和坦率，我觉得很少有人会在第一次见面时就跟我捣乱。

意志：一剂独特的恐惧良药

我知道这听起来很奇怪，但乘风滑翔是我消除恐惧的解药。我总是担心很多事情——养家糊口、追求成功、自己生病或者家里的某些人生病。我过去总是回避任何有挑战性的事情。然而现在，当我担心时，我会想象自己在风筝里。尽管听起来很疯狂，但它改变了我的整个态度。如果我能够从山顶上跳下来，像鸟一样飞翔，那我就能做任何事。

许多人问我当时是怎么开始乘风滑翔的，因为大家都知道我并不是一个勇敢的人。答案很简单：它是我一直以来都想要去做的事情。第一次上升的时候我吓呆了。但我决定不管我身体的感受如何，我将依靠我的训练、装备和高度集中的注意力完成它。我只关注自己想要做的事情，拒绝被其他的事情干扰——比如死亡。

我要特别赞扬一下我的优秀导师，他通过开玩笑的方式帮助我冷静下来，让一切听起来都那么简单。体验、练习、训练，还有相互加油打气的同伴对于缓解我感受到的恐惧都产生了重要的作用。当我飞起来的时候，当然还有肾上腺素对我的强烈刺激——我认为那就是我做这件事的原因——但总体来说，对我最有益处的是它让我感觉对生活有了更多的控制感。

珍妮：现在就足够害怕了，谢谢你

这本应是在一个美丽的度假胜地度过的美好假期，但我却战战兢兢地回到家中。我很想度过一段美好时光，但我的恐惧一直在阻挡着我。我决定，在恐惧毁掉我的生活之前，我必须要做一些事情。

我的丈夫喜欢做些有冒险性的事情，但我总是阻止他。假期，我做的唯一感到舒服的事情就是坐在沙滩上。终于，有一天早晨，我答应和他一起去潜水。刚开始的时候很好。但刚一下水，我就害怕了。我不能离开海岸，因为我需要让我的脚碰到地面。所以当其他人都在深水处开开心心地探索的时候，我感到孤独和痛苦。他们跟我保证说，在有救生衣的情况下我不可能会溺死，这并没有让我平静下来。我的心跳加速，呼吸急促，我感到茫然不知所措，完全不知道自己在做什么。最后，我带着满心的挫败感上了岸。

当我们回到家以后，我记录了恐惧如何限制了我的生活。大学期间，我只在国外度过了一个学期，因为我害怕离家太远。到了成年期，我还是需要和我父母住得近一些。我也选择了那些他们认为稳妥安全的工作，但我认为那些工作都很无聊。然后，我决定要直面我的恐惧，我不想就这样度过我的人生。

后来我找到了一个值得信任的游泳教练。在我觉得有信心可以下水之前，我上了一系列的游泳课程。好吧，夏季总算过去了。到了冬季，我不想成为身边唯一一个不会滑雪的人。所以，我又上了一些滑雪课程。现在，我仅能在初学者滑雪道上滑行，虽然我知道自己还是太过小心了，但我不得不承认自己其实真的很喜欢下坡。

最近，我坚决不让恐惧控制我的生活。我丈夫正在邻近的州面试一份新工作。如果他面试成功的话，我想自己也能够一起搬过去。

我不想用恐惧来妨碍我的儿子。所以我有许多动力去改变。我现在变得跟以前不同的一个原因就是，我会想象自己在某次活动中成功，而不是在脑海中反复预演可能的失败。如果我开始感到恐慌，我就会通过自我觉察或者说一些话使自己平静下来，例如："珍妮，你知道你能够做到。深呼吸，放松。一切都会好起来的。"

加布：不可能的期望

我是一名针灸师。当我刚开始创业的时候，我身无分文，没有病人，也没有经营生意的经验。我独自一人坐在办公室里，陷在未知的恐惧中。我总是紧张不安。我一直在想什么时候这种恐惧才会停止，什么时候会有病人来。我困惑不解。我不知道为什么人们不来我这里体验针灸。我紧张不安，觉得非常疲倦，对整件事情感到非常沮丧。

自那以后，我意识到我的恐惧阻止了我行动。对我来说，做决定并非易事。我是个有拖延症的人，我常常觉得很沮丧，因为我要求一切都处于合适的位置，即使我没有做任何事情来实现这一目标。在上完时间管理课之后，我发现自己花费了太多的时间来组织那些我其实根本就不会做的事情。

后来我意识到，人们不来我的诊所是因为我没有做任何事情来营销自己。我只是期望一切都会奇迹般地发生。我自己必须要走出自我隔离。我选修了一门教人展开实践的课程，开始跟可能为我推荐病人的医生进行沟通。

现在我了解到，冒险对我来说是有必要的，我不能一直躲在我的办公室里。当我紧张不安的时候，我知道要使自己平静下来，所以我会散步、沉思或者与人交谈。我把挑战看作学习和成长的机会。当我在经历一段难熬的时光时，我会说——并且我相信——一切都会过去。

玛丽亚：通过广角镜观察癌症

今年是我的生命中最令人恐惧的一年，我被诊断出了乳腺癌。从那时起，我一直在接受手术、化疗和放射性治疗。我不会说这些经历没有给我带来创伤——它确实带来了创伤。我从来没有想过自己会承受这么多。我对一切事情的应对都比预期的结果要好。其中最好的消息是，我的医生说我恢复得很好，有很大的可能性不会复发。

在这期间，我不得不学习减少恐惧并把注意力集中在积极的方面。事情并不总是容易的，但是，当我开始感到害怕和孤独时，我往往能接到朋友打来的电话、发来的电子邮件或寄来的卡片，这对振奋我的精神有很大帮助。一些朋友会给我寄一些好听的音乐光盘，这种感觉很棒；一些朋友会给我送来书、花或者好吃的东西，这让我知道有很多人在为我加油。

我是一个控制狂，不能控制这种疾病的进程对我来说反倒是一种调整。我不得不放弃掌控的想法，全权信任我的医疗团队，遵循他们的建议。关于癌症最艰难的一件事就是你的生活变得非常无聊。

一切都在等待，等着验血，等着身体恢复得更好，等着恢复能量，等着我的生命复苏。我是一个非常积极的人，对像我这样的人来说，等待是一种煎熬。但是现在治疗结束了，我正在回归正常的生活。

在最糟糕的时候，我必须相信更好的明天将会到来。我希望这次的癌症危机能够成为我生命历程中很小的一部分，而不是像去年那般，它简直主宰着我生活的全部。这样的想法有助于我平复恐惧，并积聚正能量。

追求进步，而不是完美

真正的勇者并不是没有恐惧，而是带着恐惧依然前行。

——詹姆斯·尼尔·霍林沃思

正如这些故事所表明的那样，你不必非得成为一个非凡的人来克服你的恐惧，你不需要成为英雄，更不用说是超人。许多杰出的成就都是人在日常事件中展现的毅力和意志力的结果，而不是源自一些特殊的品质或才能。我们要去追寻的目标应该是进步而不是完美。

当你开始改变时，你可能在一开始不会感到非常不同。你甚至会气馁，怀疑你是否正在改变。请确信，你正在而且可能正以超出你想象的方式，发生着改变。

在某个时刻，回首过去，虽然你可能并未完全意识到自己采取的所有行动，但你会看到你做出的甚至自己没有想过可能会发生的改变。我希望你会为自己的成就感到骄傲，承认并庆祝你所做的一切。

这里有一些我想留给你们的最后的建议，因为你们将继续人生的旅程，过上充满活力和生命力的生活。

· 无论你认为父母应该在童年时期为你做什么来帮助你克服恐惧，现在请你为自己而做。

· 无论你认为父母应该告诉你什么来帮助你建立自信，现在请你告诉自己。

· 恐惧会在孤独中生长，所以别忘了和别人——那些愿意倾听和有同理心的人——谈谈你的恐惧。

· 恐惧也会在黑暗中滋长。对于感到恐惧的事情，尝试着去了解更多，这样会减轻你的恐惧感。但是，不要把这个建议理解得太极端。光是个好东西，但是耀眼的聚光灯则会使你失明。

· 对于那些能锻炼勇气的机会，抓住它——像肌肉一样，勇气在不断的使用中会变得更多。

· 不要过于苛刻地评价自己。记住，总有另一个正确的选择在等着你。

· 你不必向自己之外的任何人证明你自己。你需要关心的问题是："我对自己的努力感到满意吗？"你的满意才是最重要的。

· 更好的生活不需要超人般的努力。一点自律和一点勇气就可以让你走很长很长的路。

·生活在恐惧中就是浪费宝贵的时间。用一种你不会后悔的方式经营你拥有的时间吧。

·生活中有许多令人失望的事。不要让恐惧阻止你做自己想要做的事。

·投资你的个人成长。你会知道，当你高兴地说"是的，我能做到！是的，我已经做到了！是的，我为自己感到骄傲"的时候，你已经得到了回报。

·探索、梦想和发现。用玛雅·安吉罗（Maya Angelou）的话来说就是："生活喜欢被人牵着走，也喜欢被告知：'我和你在一起，我们走吧！'"

第14章
驾驭恐惧的其他方法

通过尝试这本书前面章节所描述的那些方法和练习，你可能和很多人一样，已经成功地驯服了自己的恐惧。但是，假如你读过这本书，认同这些方法和理念，做了其中的练习，你也很努力地让这些方法和练习都尽可能地显现出效果，但是你却仍然困于原地；或者，你仅仅取得了很小的进步，仍然陷于僵局中；也或者，你取得的进步微乎其微，就像兜圈子一般，你的恐惧感反倒越来越强烈；你会怎么做？

这里有一些其他方法供你选择。

心理治疗

心理治疗以一种独特的方式丰富了很多人的生命可能性。它可以帮助你降低恐惧的强度和频率，拓展你的应对技巧；它可以帮助你学会处理某种具体的恐惧或者处理普遍意义上的恐惧；心理治疗还可以帮你减轻压力，增强自信，并让你明确自己的想法。当然，这只是个开始。长期、系统的心理治疗可以使你从忧心忡忡的状态转换到欢欣鼓舞的状态。

教育模式

这种方法基于学习的原则。如果你学会了如何变得过度恐惧，那么你也可以学会如何不要过度恐惧。有很多涉及心理教育模式的治疗类型，包括：

· 行为矫正疗法，通过正强化和系统脱敏来减轻恐惧。

· 认知疗法，通过改变恐惧性的思维和非理性的信念来减轻恐惧。

· 心理动力疗法，强调人际关系、童年经历和内心冲突对个体恐惧感的影响。

· 家庭治疗，重视家庭关系对个体的影响，会邀请其他家庭成员共同参与到治疗中。

每种方法都有自己的理论基础和具体技术，很难说哪种治疗和流派对个体是最好的。因此，许多治疗师常常采用折中的方式，也就是使用不同流派的治疗策略，最大限度地满足来访者的需求。这也意味着，你可能需要投入一定的时间和精力去寻找一个你觉得比较有效的治疗师。你要了解治疗师的受训背景，也要了解你求助的治疗师采取的治疗方法。

医学模式

这种方法基于心理疾病范式。心理疾病的诊断要基于特定的诊断标准，下面是与恐惧相关的心理疾病诊断的简要描述：

广泛性焦虑障碍

患有这种疾病的人常感到过度焦虑，对生活中的很多事情都非常担忧，并且基本没有控制焦虑的能力。典型症状包括感觉紧张，难以专注，头脑空白失眠，易怒，易疲劳，易紧张。

惊恐障碍

被诊断患有这种疾病的人经常会出现意外的惊恐发作。惊恐发作表现为在一段时间内感到强烈的恐惧，且这种恐惧感还会突然升级，并且通常在十分钟内达到高峰。常见症状包括心跳加速，出汗，颤抖，呼吸急促，胸痛，恶心，头晕，身体摇晃，感觉不真实，害怕失去控制，害怕死亡，害怕自己会发疯。患有惊恐障碍的人通常担心着下一次惊恐的发作，从而造成广场恐惧症（害怕离开自己的房子或舒适区）。

社交恐惧症

社交恐惧症是一种强烈且稳定的对社会情境的恐惧，尤其是那些需要有特别表现的社会情境。过度的自我意识激起了人们的忧虑，感觉就像被审判、被羞辱，会感到尴尬。在陌生环境或者与不认识的人相处时，社交恐惧常常就会更加严重。

特定类型的恐惧症

不合理的过度恐惧不仅会在社会情境中产生，也会因特定的对象或环境而产生。常见的恐惧症是害怕飞行，害怕血液，害怕注射，害怕某种动物，害怕水，害怕开车，害怕太高的地方，害怕封闭的地方，害怕黑暗，害怕孤独。其中一些恐惧源于过往经验，而另一些则不然。

急性应激障碍

如果某人目睹或遭遇了死亡（或濒死）、重伤或其他心理创伤事件，那么这个人就会感到一定程度的焦虑，当然这是正常的，也是可预见的。然而，如果这种反应非常强烈，甚至伴随着无助感、惊恐感，发呆或感觉麻木，"晃神"，那么就可以将其诊断为"急性应激障碍"。

创伤后应激障碍

如果急性应激障碍的症状持续超过十个月，就可以诊断为"创伤后应激障碍"。创伤后应激障碍的症状包括不愉快想法、图像或真实创伤情景的反复性、侵入性的闯入。其他症状包括避免与创伤事件相关的任何事情，注意力难以集中，易怒，突发的愤怒或流眼泪，难以入睡，容易受惊，过度警觉。

强迫症

强迫症是指个体不断思考一些令人不安的、侵入性的想法，或者为了回应某种强迫性想法不得不去做一些重复性的行为。常见的强迫症状有过度检查，坚持依照顺序洗手或重复计数。强迫症患者必须以一种僵化的方式来表现他们的强迫行为，这对他人来说往往是过度或不适的。

抑郁症

虽然抑郁症的主要症状是无力感、无助、无价值、没有精神、疲劳、食欲不振或暴饮暴食，但是有抑郁症的人感到焦虑、担忧、紧张也是不难见到的。我们很难将情绪完全精准地划分进某个明确的范畴中。

精神药物治疗

精神药物主要作用于中枢神经系统，从而影响到人的情绪、注意力、能量和认知等心理功能。

作用于焦虑的药物主要有抗焦虑药物和抗抑郁药物。抗焦虑药物通常适用于急性焦虑症和惊恐障碍的症状缓解。这类药物服用后会很快见效，并且不会在你的神经系统中存留很长时间，可以每日服用或按需服用。抗抑郁药物也有助于焦虑症的减轻，当然这可能需要几个星期才能见效。这类药物需要每天服用，并且在停药时应该遵循逐渐减少的原则，不要突然停止用药。对于焦虑或抑郁的治疗，在药物治疗的同时辅以心理治疗，效果最好。

其他方法

除了心理治疗和药物治疗之外，我还会建议你尝试其他有效的方法，这些方法在很多人身上被证明是有效的。

生物反馈

生物反馈是通过灵敏的检测设备和技术，为个体提供有关自主身体功能的信息（如心率或肌肉张力）。我们可以对自身的这些功能进行一定程度的自发控制，从而帮助自己变得不那么紧张、不那么焦虑、不那么害怕。生物反馈可以结合图像引导，这样你就可以发展出相关的放松技能，以舒缓你的神经系统和肌肉系统。

瑜伽和其他东方疗法

基于印度五千年的文化传统，近几十年来，瑜伽已经"走向主流"。大众的瑜伽类型包括克里帕鲁、昆达里尼、阿什汤加和伊扬加以及许多其他流派。这些课程在健身房比较常见，包括成人班和私教班等。所有这些方法都强调放松身体，平复心灵，强化内在力量，促进能量流动。

除了瑜伽，其他东方文化形式（跆拳道、气功、空手道和柔术等）也有助于增强你的信心，让你驾驭自己的恐惧。

按摩

按摩已经成为一种非常常见的放松方式，可以减轻身体压力，安抚你的头脑，从头到脚放松你的身体。按摩可以让你不必做任何事情——没有引导，没有要学习的技能，不用看你周边的人，不用去想你是否合乎标准。在满是芳香、精油、音乐的环境中接受恰到好处的按摩时，如果你能放下负担，放空自己，那么你就知道我为什么要向你推荐这种减轻恐惧的方式了。

抵触心理治疗

有些人抵触心理治疗，因为他们认为自己在任何时候都必须保持坚强，在困难时刻要靠自己的力量走出来。或者他们可能担心寻求心理治疗意味着他们出了问题——病了或者疯了。幸好，这种对待心理治疗的态度已经不像以往那么普遍了。现在大多数人都知道因为情绪方面的障碍而寻求心理治疗并不是一个人软弱的表现；相反，这表明你足够强大、聪慧和健康，因为你能认识到自己存在问题，并且你想要解决它。

这是一个类比。如果身体方面存在健康问题，你会试着独自处理这个问题吗？也许吧。比如你一直备受咳嗽问题的困扰。这没什么大不了的，只要给它一些时间或者服用一些咳嗽药即可。但如果它一直困扰着你，或者咳嗽加重了，那么就不如寻求医生的帮助，否则问题可能会变得更加糟糕。如果你没有处理自身困难的知识、技能或专长，那么寻求他人的帮助就是明智的做法。道理同样适用于情绪问题。

所以，我认为不是你在抵触心理治疗，而是你生活中的某些人不支持你，他们会说"我不相信心理治疗"或者"想开点，振作起来"。请记住我在之前章节曾写过的内容："你要听谁的声音？"

抵触用药

有些人最爱的莫过于用药丸来改善病情。其他人则走向相反的极端——抵触用药，拒绝服用药物，即使它是有益的。他们认为药物只是一种精神上的寄托，宁愿忍受着不舒服的症状也不愿意服药。还有一些人坚决反对处方药，但却会错误地使用天然草药，因为他们误认为草药没有副作用。很少有人是因为曾经使用药物却没有产生良好效果而抵触用药的。今天，市场上的药物比以往任何时候都多。或许，之前的处方对你而言并不是最佳的，正确的药物与正确的剂量可以让效果有很大的不同。

抵触其他方法

胆怯的人往往过于谨慎。你可能会对尝试新技术非常抵触，尤其是那些你正在思虑衡量的或者是那些来自其他文化背景的新技术。我希望你们对我所提到的方法能保持开放的态度，它们都是行之有效的方法。

并不是每一种方法对每个人都有好处。但是你怎么知道某种方法对你是否有益呢？除非你愿意更多地了解它，在你并未心怀期待的地方，或许就藏着巨大的宝藏！

致　谢

谨以此书献给我的丈夫罗恩，我的儿子布瑞恩、格伦和丹尼尔，以回报他们对我的的爱、支持和热情。

我认为写书是一件有趣的事情，然而这也是一件漫长而令人沮丧的事情，写作的过程离不开他人的温柔宽慰，以及在自我怀疑之时他人的激励和鼓舞。我感谢身边很多人给我的鼓舞。

我特别感谢梅耶，他对这本书的写作有着重要的作用，特别感谢他的洞察力、建议、写作技巧和编辑技巧，以及他的鼓励和安慰。因为他做的一切，这本书更棒了！

我感激我的经纪人菲斯，在整个写作过程中，他一直耐心引导我。从"我有一个想法"到"我的书已经出版"是一条漫长的道路，我特别珍视他对我的支持和信心。

我感谢我的编辑汤姆，他热爱本书主题，他的每一个建议都改进和加强了这本书。

也谢谢我的制作编辑丽莎，还有技术编辑艾米，谢谢她们让这本书成功面世。

我的丈夫罗恩一直是我事业的热心支持者，他对这本书的贡献特别大，他不仅为这本书贡献了自己的思想、洞察力、灵感，还为我润色了文稿。当我感到沮丧时（写书算是一件让我感到沮丧的事情），或当我对处理某事感到困惑时（这种情况经常发生），罗恩总是在那里，给我一个新颖的解决方案，而且他有似乎永远都用不完的耐心。他的智慧、判断力以及无条件的爱对我意义重大！

我还想向罗恩和我的朋友莎莉表示感谢，他们在这本书的书名和章节名上与我分享了灵感。通过头脑风暴的方式来激发灵感，对我来说是一种乐趣。

布瑞恩对生活的热情，对音乐的热爱，以及对记录个人历程的意愿，对我来说是奇妙的灵感源泉；格伦对旅行的兴趣，对非同寻常事物的好奇，以及合群的天性给了我非凡的体验，否则我都不可能像现在这般勇敢和开放；丹尼尔的自信、天性以及行动力，帮助我成为一个更加自信的人……感谢我的宝贝儿子们带给我如此多的欢乐。

我的姐姐露丝是我们家第一个有勇气为自己争取权利的孩子，感谢姐姐，她让我的童年时光更舒适自在。

我的弟弟罗伯特在小时候常常会公然挑战权威，或表示不服从，感谢弟弟，他向我展示了另外一种生活方式。

特别感谢我的来访者、朋友和家人，他们信任我，并充满勇气地分享了他们的故事、见解和观点。出于尊重隐私的考虑，我对他们的相关信息和故事做了一定的处理。

最后，我感谢您，亲爱的读者，谢谢您对本书感兴趣。

推荐阅读

Antony, Martin M., and Richard P. Swinson. The Shyness & Social Anxiety Workbook: Proven Techniques for Overcoming Your Fears. Oakland, Calif.: New Harbinger, 2000.

Baer, L. Getting Control: Overcoming Your Obsessions and Compulsions. Boston: Little, Brown and Co., 1991.

Bemis, Judith, and Amy Barrada. Embracing the Fear: Learning to Manage Anxiety & Panic Attacks. Center City, Minn.: Hazelden, 1994.

Berent, Jonathan, and Amy Lemley. Beyond Shyness: How to Conquer Social Anxieties. New York: Fireside, 1994.

Blakeslee, Mermer. In the Yikes! Zone. New York: Dutton, 2002.

Bourne, E. J. The Anxiety and Phobia Workbook, 2nd ed. Oakland, Calif.: New Harbinger Publications, 1995.

Carducci, Bernardo J. Shyness: A Bold New Approach. New York: HarperCollins, 1999.

Damasio, Antonio. The Feeling of What Happens: Body and

Emotion in the Making of Consciousness. New York: Harvest Books, 2000.

———. Looking for Spinoza: Joy, Sorrow, and the Feeling Brain. New York: Harcourt, 2003.

Davis, Martha, et al. The Relaxation and Stress Reduction Workbook. Oakland, Calif.: New Harbinger, 2000.

Dayhoff, Signe A. Diagonally-Parked in a Parallel Universe: Working Through Social Anxiety. Placitas, N.M.: Effectiveness Plus Publishers, 2000.

DuPont, R. L., et al. The Anxiety Cure. New York: John Wiley and Sons, 1998.

Foa, E. B., and Wilson R. Stop Obsessing! How to Overcome Your Obsessions and Compulsions. New York: Bantam Books, 1991.

Freeman, Lynne. Panic Free: Eliminate Anxiety/Panic Attacks without Drugs and Take Control of Your Life. Denver, Colo.: Arden Books, 1999.

Glassner, Barry. The Culture of Fear: Why Americans are Afraid of the Wrong Things. New York: Basic Books, 2000.

Hallowell, E. M. Worry. New York: Ballantine Publishing Group, 1997.

Handly, Robert. Anxiety and Panic Attacks: Their Cause and Cure: The Five-Point Life-Plus Program for Conquering Fear, New York: Fawcett Crest, 1985.

Hart, Archibald. The Anxiety Cure. Nashville, Tenn.: Word Publishing, 2001.

Jeffers, Susan. Feel the Fear and Do It Anyway. New York: Fawcett Columbine, 1987.

LeDoux, Joseph. The Emotional Brain: The Mysterious

Underpinnings of Emotional Life. New York: Touchstone Books, 1998.

———. Synaptic Self: How Our Brains Become Who We Are. New York: Viking Press, 2002.

Markway, Barbara G., Ph.D., and Gregory Markway, Ph.D. Painfully Shy: How to Overcome Social Anxiety and Reclaim Your Life. New York: St. Martin's Press, 2001.

Peurifoy, Reneau Z. Anxiety, Phobias, and Panic: A Step-By-Step Program for Regaining Control of Your Life. New York: Warner, 1995.

Rutledge, Thom. Embracing Fear and Finding the Courage to Live Your Life. San Francisco: HarperCollins, 2002.

Sapadin, Linda, with Jack Maguire. Beat Procrastination and Make the Grade: The Six Styles of Procrastination and How Students Can Overcome Them. New York: Penguin USA, 1999.

———. It's about Time! The Six Styles of Procrastination and How to Overcome Them. New York: Penguin USA, 1997.

Seligman, Martin E. Authentic Happiness: Using the New Positive Psychology to Realize Your Potential for Lasting Fulfillment. New York: Free Press, 2002.

———. Learned Optimism: How to Change Your Mind and Your Life.New York: Pocket Books, 1998.

Weekes, Claire. Hope and Help for Your Nerves. New York: Signet, 1991.

———. Peace from Nervous Suffering. New York: Signet, 1990.

Wilson, R. Reid, Ph.D. Don't Panic: Taking Control of Anxiety Attacks. New York: HarperCollins, 1996.